天下‧文化
BELIEVE IN READING

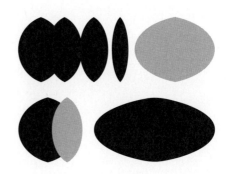

風格是一種商機

蔦屋書店創辦人增田宗昭
只對員工傳授的商業思考和工作心法

增田宗昭——著　邱香凝——譯

目錄

第 1 章　　經營要有哲學

第 4 章　**堅 持 自 我 價 值**

第 5 章　　**心 中 要 有 風 景**

前言

2007 年 2 月，
我開始以 CCC 集團的員工為對象，寫起了部落格，
希望能將我的願景以及珍視的價值觀傳達給大家。

而這本書是從這十年來的部落格中，
精選一千五百篇整理而成。
書中提及的故事、出現的人物、職稱等等，
都是維持當年撰寫時的原樣。
此外，因為是只對公司內部公開的文字，
所以使用了不少 CCC 內部的專門用語，
而這些措辭用字也都維持原樣。
雖然或許會有不少的錯漏字、失當發言、事實誤認、記憶錯誤，
但因為我希望盡可能忠實傳達當時的心情想法，
所以刻意不做任何修正。
我已做好坦然接受各方意見與批評的心理準備，
或許會對讀者們造成困擾也說不定，
在此懇請大家見諒。

增田宗昭

第 1 章

————

經營要有哲學

1982年，蔦屋書店前身「LOFT」於枚方車站前的百貨公司開幕

莫忘最初的起點

我想大家應該都以為，
1983年 3月開幕的枚方店是現在蔦屋書店的一號店。
但其實蔦屋書店是從 1982年 3月，
在枚方市車站北口舊站前的百貨公司 5樓、
一家名叫 LOFT的 CD出租店開始的。
（目前澀谷和梅田等地的 LOFT則創立於 1987年）。

我大學時代是玩樂團的，
翻唱過 Peter、Paul and Mary等民謠樂團的歌曲，
所以我比一般人都了解音樂一些，
由於很喜歡大學社團的那種氣氛，
就想，如果未來我若有機會開店創業，
一定要開一家那種氣氛的店。

在我開 LOFT的幾年前，
東京三鷹市就已經出現黎光堂
這種推出新型商業模式的 CD出租店，
而在我開 LOFT之時，
又出現了「友&愛」這家有 300家連鎖店的大型連鎖企業。

大家熟知的艾迴音樂公司社長松浦勝人，
他曾在同志社大學同學會的聚會中告訴我，
學生時代他曾當過「友&愛」茅崎店的店長。

那時他常站在收銀台前，
看著來往的顧客都會往哪個音樂人的區域走去，
或是會租什麼種 CD、不租什麼種類型的音樂，
一直不斷觀察著。
這也成為他日後成立艾迴音樂公司時，
思考如何引介西洋音樂的原點。

我住的枚方市的隔壁街寢屋川市，
當時也開了一家 CD出租店，
我很快就去調查研究了那家店。

那時我發現這是既不需太高資金投入，
又有很高利潤的行業，
認為自己一定也可以做得不錯，
所以立即就去尋找適合開店的地點，
那時枚方市還沒有 CD 出租店，
所以我覺得就算不是在一樓，
只要是在車站附近方便的地方，
就一定會有客人光顧，
因為對喜歡音樂的人來說，
原本要 2800 日圓才能買到的 CD，
現在用租的只要 300 日圓就可以聽到了，
一定會覺得很划算。

但是那時，
我找到的空店面是在車站百貨公司的 5 樓，
而 5 樓通常是車站百貨公司的飲食街，
所以當我跟大樓的房東表示我要承租時，
他就跟我表示「這裡只租給餐廳」，
拒絕了我。

但我不放棄，
一直想著怎樣才能在那裡開店，
後來我用「結合餐飲的 CD 出租店」的想法，
說服了他。

為了讓這家店成為飲食複合店，
我就將原本只賣音樂的地方，
變成也能很自在的喝茶吃飯的個性小店，
於是就加盟了賣道地印度咖哩的專門店「DELHI」，
而我出租 CD&咖啡店 (書 &咖啡的前身)的生意就這樣展開了。

但因為我沒有經營餐飲的經驗，
所以就將廚房的事交給我的姊姊，
而出租 CD的工作就交給以前我在鈴屋的部屬，
請他擔任店長。

開幕當天一如我的預期來了很多客人，
但原本不太使用的電梯，馬達竟然因此燒了起來，
無法再搭乘，讓其他店家深受困擾，
但即使如此，客人甚至願意走樓梯到五樓，
整間店就像擠滿人的電車一般，
最後甚至還必須限制入場人數。

我今天在飯店對參加經營會議的幹部，
說了一整天有關中期營運計畫的事，
說著說著不由得想到這些過去的事，
於是就將它寫下來。後續發展明日再說了？

增田宗昭的母親（左）和姊姊（右）

創業系列 2

永遠為下一個競爭者做準備

雖然開店時害百貨公司的電梯馬達過熱燒了起來，
不過唱片出租店「LOFT」有了一個超乎預期的好開始。
只是我不但沒有因此鬆了一口氣，
反而開始思考，「萬一車站對面一樓以更大的規模，
開了一間同樣的店，把店裡的客人都搶走的話，
貸款開這家店的我就糟糕了」。

於是，我立刻開始在枚方市車站對面一樓找尋適合的店面。
那時，我看到某證券公司枚方分行遷移後空下的店面正在招租，
可是那家證券公司所付的租金高得嚇人，
和我的預算完全不符。
不過，我不放棄的每天拜訪房東，
希望他看在同為枚方市民的情份上，
把房租降到我希望的數字。

當時，枚方車站附近沒有開到深夜的書店，
於是我想出了書店結合唱片出租店的計畫。

第一代店長伊藤（NSS第一代社長），
是我在服裝公司鈴屋時的部屬，
他因「想經營書店」而與我一起從鈴屋辭職，
也成為我蔦屋書店一號店的第一代店長。

在日本，書本的進貨必須透過「經銷商」，
這是書店這一行的商業習慣，
那時我拜託了在京都開書店的同志社香里高中同學，
為我介紹大型經銷商。沒想到卻在書店即將開幕前，
被以「沒有經營書店的經驗」、「事業還沒做起來」、
「財力不足」等理由拒絕了。
正當我抱頭煩惱時，
正好看到夾在報紙裡的傳單廣告，
在招募授權加盟書店，
於是立刻前往位於西中島南方某棟公寓的加盟總部，
儘管當時也覺得有幾分疑慮，
但為了顧全大局，也就這麼加盟了，
這事的始末有機會下次再跟大家分享。

1983 年蔦屋書店一號店（上）和那棟大樓現在的樣貌（下）

努力揣摩
顧客的想法

常聽到顧客至上，
或是「讓自己成為最了解顧客的人」這類說法，
關於這些，我個人最近有一些想法。

不管是創業開店，
還是推廣 T-POINT 會員集點業務，
成功的方法其實都很簡單。

只要能提出會讓客戶表示「我也想要」的提案，
就一定能談成合約。

明明只要知道什麼是顧客想要的，
企劃就一定百發百中，
但大家卻都不去找那個答案。

多數人往往只是亂槍打鳥，
不去找出真正的答案。

做生意，要找出那個「答案」，方法其實很簡單，
只要站在顧客的立場去思考就行了；
或者說用顧客的心情去思考問題就對了。

為了用顧客的心情企劃出好的提案，
我會把自己當成顧客，一次又一次不斷的觀察店內。
即使是同一家店，早上的心情、白天的心情
和晚上的心情，都不一樣。

成立代官山蔦屋書店時，
我正是一直從 ASO 這家咖啡店，
觀察那一帶的人來人往。

無論假日、下雨天，還是大熱天，
無論早晨、中午，還是傍晚，
為了理解通勤經過的顧客心情，
我一次又一次的從車站徒步到店面。

天氣熱時，就試著把車停在路邊，
在椅墊被曬熱的當下，我想到了這裡會需要樹蔭。

在惠比壽花園廣場和六本木之丘開店時，
我深知，有些事必須自己在那裡生活過才會明白，
於是我和企劃案的負責人一起搬到那附近住了一陣子。

就這樣在每天努力揣摩顧客的心情中，
找到了答案。
只要我們忠實呈現答案，
客人就會上門。

這明明是誰都做得到的事，
卻很少人去做。

成長的本質

我曾經認為非常優秀的人，再遇到時發現他已經變成普通的大叔；
而認識時還只是剛進公司不久的年輕人，
現在卻已成為率領數百員工的社長。

一個人的成長，才華與能力當然非常重要，
但我認為，一個人所處的環境、企圖心和決心，
也占了極大的比重。

每個人在工作時都認為自己很努力，
然而，時間久了之後，結果卻呈現極大的差異，
這種情況並不少見。

我剛出社會不久時，在毫無經驗的狀況下，
就被公司任命設計購物中心的停車場，
因為公司裡沒有這方面的專家，我只好自己拿著碼表，
跑遍東京都內大大小小的停車場，自己埋頭蒐集資訊。

一輛搭了四個人的車，等到所有人都下車需要多少時間？
搭了三個人的話又是如何？只有一個人的話又需要幾秒？
就像這樣，我在許多停車場裡，
實際測量使用者的下車時間，求出了平均值。

此外，我也計算出一個購物中心，
一天必須做到多少營業額才會獲利，
預測開車來的消費者平均都是花費多少金額，
再從乘車人數所需的下車時間，
算出每小時入場停車的數量，再根據這個數字，
計算停車場需要的旋轉台與停車格數量，
做出完整的停車場企劃。

一年後，我被任命接下打造輕井澤購物中心的企劃案。

那時，不動產合約、建築相關知識、
擬定事業計畫所需的投資與核算等基礎知識我都沒有，
仍在這樣的情況下投入了輕井澤的企劃工作。

雖然沒有這些基礎知識，
但我知道如果沒有廠商進駐，
購物中心的事業就無法成立，
因此，我先設想在廠商進駐購物中心的狀況下，
能夠賺錢和無法賺錢的狀態各是如何？
此外，我也不斷思考若要讓購物中心事業本身賺錢，
需要設定怎樣的店鋪出租條件？

我深知如果沒有消費者上門購物，
租下店面的廠商就無法賺錢，
於是我也設想了如何籌劃對消費者而言具有魅力的商場店面，
帶著這樣的企劃到處爭取廠商進駐。
這些都是在那之前我從未經驗過的事，
超越自己當時能力的工作。

結果，願意挑戰能力以外工作的人，
過了一段時間之後就會有所成長，做到原本做不到的事。
相反的，只挑能力範圍內的事去做的人，
不管經過多少年也無法拓展能力。

人的成長和公司的成長無關，
一個人能有多大的成長，
端看他有多大的企圖心，
願意向他不會的事情去挑戰。

當然，挑戰能力範圍以外的事，
有時也會像我發展直播衛星電視事業那樣遭遇失敗，
不過，那樣的失敗雖然損失了財務，
仍會留下經驗與人脈這些寶貴的資產。

說起來，這也是一種成長。

另一方面，最近我常想，
正因有員工的成長支持著，公司才得以成長茁壯。

經營就是「容許失敗」，
這件事我以前曾在《情報樂園會社》這本書裡說過。
如果說經營的本質是促進企業與人的成長，
從「挑戰做不到的事並生存下去」這層意義來說，
經營就必須容許失敗，
當時我是這樣寫的……。

而我，寫不曾寫過的部落格至今也已經六年，
參加從未跑過的馬拉松也已經有五年了。

有夢想
就能前進

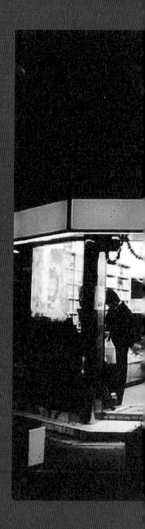

三十一年前的三月二十四日，早上七點，
是蔦屋書店創立的時刻。

在緊張的心情中，我展開了蔦屋書店的經營。

雖說開了蔦屋書店，
但因為是第一次經營書店，
商品的進貨並不順利。

唱片出租區的 LP唱盤，
因為當時唱片公司和大型唱片出租店鬧出官司的緣故，
沒有批發商願意批發商品給我們，
唱片行當然也不願意和我們合作。
錄影帶的部分則是日本原本就沒有廠商在做，
而最重要的書籍區，儘管我們從半年前就開始拜託某大經銷商，
但在開幕前夕才接到無法和我們交易的回覆。
在判斷現在和我們合作的經銷商「日販」，
也會以相同的原因拒絕我們，
於是我最後選擇加盟了大阪屋系列書店，
以加盟連鎖店的形式開店。
沒有經營過書店的我和伊藤兩人，
就這樣在訝異於經營書店的各種常識下，
展開了蔦屋書店的經營。

當時打工的店員，
也是從比蔦屋書店更早成立的
唱片出租兼咖哩餐廳的「LOFT」調來支援的人手，
開店的準備工作就這樣一直進行到當天早上兩點。

那晚很快回家沖個澡，
早上五點又回到店裡，
和伊藤兩人一起在早上七點準時開店。

書店附近有一所以橄欖球隊聞名的「啟光學園」高中，
當天許多學生上學前都紛紛繞道過來看熱鬧，
當我聽到他們口中發出驚呼聲時，
就知道這家店一定會成功。

站在收銀台結帳，不知不覺已是中午，
一大群趁午休時間上門的上班族和粉領族紛紛湧進店內。
到了下午，去鄰近近鐵百貨購物的消費者，
以及路過的民眾也大量湧上門。
傍晚時分時，下課後的高中生更是成群而來，
許多上班族和粉領族也都搶在回家前到店裡一探究竟。

天黑之後，賣場裡擠滿了客人，
當我回過神時已是打烊時間的十一點。
由於店租很貴，為了減輕租金負擔，
我盡可能拉長營業時間，
於是學 7-ELEVEN 從早上七點營業到晚上十一點。
當統計一天的營業額時，我和伊藤都大吃一驚。
打烊和結帳的工作我們都是第一次經歷，
所以花了不少時間，等到忙完已是隔天的早上了。

雖然站了一整天，但這一天卻一下子就過完了，
腳步像做夢一樣輕盈自在，
而且連心情也變得輕鬆起來。
當時的我什麼都沒有，只有大大的夢想，
而那實在是令人懷念的一頁青春。

重視自己心中
的宇宙

最近的我，
依然經常與各行各業的經營者碰面，
在表現亮眼的經營者們身上，我發現了一個共通點：
他們正在做的大多不是他人（包括消費者）想要的東西，
而是他們自己想要的東西，
他們正在實踐的也大多是自己認為正確的事。

不東張西望，窺伺四周，
只專注的找尋令自己感動的事物，
一旦找到了，就熱情的推薦給旁人。
因此，這樣的人通常不太關心周遭對自己的評價，
只把注意力放在自己想做的事物上。
我在設計代官山的蔦屋書店時，
也不是因為周遭的人說要這樣做才去做，
而是想創造出自己想要的東西，
打造出一個會讓自己感到激動、興奮，
待在裡面覺得自在舒服的地方。

我一直認為，宇宙有兩種，
一種是在自己以外的地方，一種是在自己的心中，
今後的時代，更需要重視自己心中的那個宇宙。

我們必須讓自己心中的宇宙變成一種現實，存在於社會。
在這個充滿變革的時代，
那些在歷史中誕生的事物或常識，
將會由那些看見新世界樣貌的人所創造出來，
就像讓手機變成智慧型手機那般。

我一直希望能將自己心中的想像，
確實化為具體可見的東西。

別以為成功
可以複製

我發現蔦屋書店的加盟企業，
一號店的成功機率很高，
二號店卻經常失敗。

直營企業也一樣。

對於初次的嘗試，由於大家都沒有自信，
因此能謙虛的從各種角度思考整個「企劃」。
然而，一號店的成功經驗，卻會讓大家產生錯覺，
以為「只要用一樣的方式，二號店一定也會成功」。

代官山的 T-SITE也是一樣，
由於是第一次嘗試在代官山打造書店，
因此我們致力從各種不同的角度思考，才架構出這個企劃案。

一開始會有這個構想，是因為思考到日本的「人口結構」，
我清楚的看到日本過去和未來人口變化的曲線，
發現未來日本將會成為一個年輕人逐漸減少，
超過六十歲的高齡者逐漸增加的國家，
而這個趨勢今後只會不斷加速。在這樣的趨勢下，
蔦屋書店也得成為讓團塊世代（超過六十歲）的顧客，
願意上門的蔦屋書店才行，否則顧客將會愈來愈少。
基於這樣的危機意識，我開始在代官山著手企劃一個
團塊世代樂意上門消費的蔦屋書店。

為了打造出一個即使地點不好，
客人也願意上門的地方（其實是大膽選了一個非企劃不可的地方），

所以必須讓這裡成為「具有象徵性的建築」，
一個讓人有到了美術館之感的獨特建築，
於是提出了創業以來從未嘗試的「建築競圖大賽」構想，
請來一流建築事務所的人才設計這棟建築，
最後不僅完成了一棟出色的建築，
更逐漸發展成代官山著名的景點。

此外，做為一個代表生活風格之地的蔦屋書店，
必須要能提出極具吸引力的「生活構想」。
為此，在做書籍分類時，
我挑戰了以「生活概念」來分類書籍的做法，
不僅讓外文書與二手書都一應俱全的出現在書店中，
也提出了能夠充分滿足年長者需求的深度選書。
更看準了最具生活提案力的「雜誌」需求，
也在此打造了「世界第一」的雜誌賣場。

T-SITE一開始就是為年長者而設計的地方，
所以我們也特別鑽研年長者最關心的「健康需求」，
籌建出「日本第一」的料理（醫食同源）賣場。

由於年長者關心「死亡的方式」更甚於生活方式，
為了提供更多的參考，我們也在此設立一個
大量網羅宗教、哲學以及紀錄各種人物生涯的傳記書區。

為了讓團塊世代的顧客們，
在人生最後一段日子過得更充實美好，
蔦屋書店蒐羅了豐富的旅行、住宅、汽車
這些關於嗜好興趣的各類書籍。

而要實現這樣一個場所需要受過訓練的「禮賓人員」，
但公司內部沒有這類人才，
我特別聘請優秀的文案高手撰寫報紙廣告，
招募這樣的禮賓人員。

團塊世代的人早晨起得早，為了配合他們的生活習慣，
我也將書籍與咖啡賣場都設定為早上七點營業。

更考慮到他們的子女多半已經結婚離家，
沒有小孩的年長者往往會飼養寵物排遣寂寞，
所以我也引進設有寵物商品區的寵物醫院。

另一方面，年長者的腰腿通常較為無力，
我也規劃了專為年長者健康與遠行需求
而打造的電動輔助腳踏車專賣店 Motovelo。
順帶一提，Motovelo 這個店名，
正是當年為歌手荒井由實取名為「YUMING」的製作人。

不僅如此，T-SITE 裡也設置了讓年長女性更美麗的美容沙龍。

我甚至還招募國外的環保玩具品牌進駐，
讓那些富裕的年長者在送兒孫禮物時有更多的選擇，
更為喜愛攝影的年長者成立了相機專賣店。

年長者通常不再開車，
不少人習慣搭乘計程車代步，
為了方便計程車進出，
也方便顧客離開時更容易叫車，
T-SITE也特別規劃了計程車候車站。
同時在二樓的 Anjin咖啡廳導入查詢系統，
好讓喝了酒的顧客，
掌握計程車何時抵達計程車站等資訊。

就結果來看，我想我們應該創造了
一個讓有品味的年長者可以視為「愛店」的流連之所。

從另一個角度來說，
代官山一帶有不少獨立設計師事務所，
這些設計師在工作時往往需要參考雜誌、書籍、電影、音樂，
甚至是生活風格的各類雜誌。
於是我們在書店裡打造了一家名為 Anjin的咖啡沙龍，
蒐羅了供這些設計師工作所需的參考資料和休憩之所。

創作人多半習慣晚上工作，
為了配合他們的作息，蔦屋書店也營業到晚上兩點，
好讓這些人可以在星巴克裡，
一邊隨心所欲的閱讀，一邊工作。

這一切都是為了讓整座廣達四千坪的設施，
就像是「創作人的辦公室」，
在餐廳用餐時也能順便與同業交流。

這也是為什麼整棟 T-SITE，
到處都能看到創意工作者帶著 Mac電腦工作著。

我一直覺得，對住在這一區的創意工作者來說，
如果能有一家二十四小時營業的便利商店，
無論對工作或生活都將更加方便。

但在打造空間時，
我強烈感覺到這是個「到處充滿商店的時代」，
所以得要排除所有「商店的要素」，
打造出一個以「家」為概念的舒適空間才行。

這也是何以蔦屋書店裡的分類版和導覽標示皆是以金屬網板製作，
為的是盡可能降低這些標示的存在感。

我還要求進駐廠商盡可能不要掛出招牌或廣告看板，
要以最不干擾視覺的方式呈現。

經營要有哲學

我一直覺得每位客人對其他客人來說，都是「風景」的一部分，
所以，我希望上門的顧客都是令人舒服的人，
於是我們做了許多精心的設計，
包括沒有公開宣傳開幕的日期，
就是希望上門的顧客都能成為美好風景的一部分。

其次，代官山這一帶有很多大使館，
居住了不少外籍人士。
為了讓這些有個性、懂品味的外國客人上門，
店內的標示牌也都是以日語、英語、中文三種語言同時呈現。

又為了營造出外國人經常連流於此的風景，
在開幕的參觀會上，我們還特別從模特兒經紀公司，
請來許多氣質出眾的外國女性，以營造出這樣的氛圍。

然而，正式開幕後，根本不用請模特兒，
店內就經常可見氣質優雅的外國客人。

之所以可以吸引眾多外國人前來，
是因為其中一家餐廳的主廚是位外籍人士，
許多外國客人因為到此用餐，
也連帶在此駐足停留，享用店內的各種設施，
形成書店內美好的一景。

為了讓上門的客人感覺店內員工各個品味獨具，
在員工制服上，
我們選擇了不管是誰穿起來都會展現出高雅有型、
且能區隔襯托客人的黑白色系，
讓店內呈現一種簡潔乾淨的舒適感。

另一方面，在空間設計上，
我們也將書店設定為不會同時湧入大量來客的地方，
請建築師設計出一個人也能享受恬適時光的寧靜空間，
以各種人性的設計打造出小房間式的賣場。

代官山的蔦屋書店，
可以說是從「絕對不會有人來」的角度創造而成的地方。
一面徹底進行市場調查，一面從各種角度找出被希求的概念，
讓這裡變成只要進來，即使是一個人，
也會令人想駐足流連的舒服空間。

雖然做了許多這樣的努力，
一看到許多客人不斷光顧時，
就很容易將那些看不到的努力全都忘得一乾二淨，
甚至會因為有這樣成功的經驗，
就會有只要做同樣的事就會再度成功的錯覺。
然而，在商場上，同樣的事就算做第二次，
也是非常不容易的工作啊！

只做既定的事
稱不上工作

今天早上，
我從八點十五分就開始開 CCC 集團總公司的會議。

緊接著是參加集團子公司的會議，
下午則是外出與合作的企業開會。

由於一段時間不在國內，
除了必須與社長室成員及關係企業的員工開會外，
這星期在與 T-POINT 的結盟企業見面前，
也得先開事前討論會，
使得我在回國第一天就忙得不可開交。

最近，在這樣的忙碌中我有了一些想法。
當一心只想著「非做出中期計畫不可」時，
就做出好幾個只有數字的中期計畫，
但我卻對這樣的事一直有種壓力。

會這樣說是因為，
就算把現在已經知道的事和可以掌握的數字組合起來，
但在將來會發生的事而現在看不到的變化、
以及未來的機會，和達成目標的強大意念相互作用之下，
那些數字（結果）還是會大大的不同。

創業以來，我一直都在思考「我想變成什麼」，
若要在競爭中獲勝，「我要做到什麼程度才好」，
不斷的思考這些，以此立定公司的目標。

而為了實現這些目標所必須經歷的過程，
其實我總是看不到。
所以，做出中期計畫之後，
我每天都在想該如何才能達成這些數字。

「沒有執念的人指出問題，
有執念的人討論可能性」，
我想說的其實是這個。

只做既定的事稱不上工作，更稱不上人生，
我希望能開心的設計自己的人生和未來。

做自己想做的事，
以及不被競爭淘汰或是在競爭中存活下來，
我們為了達到這個目標，往往會努力去做。
而所謂的中期計畫，
主管若不是抱持著這種想法去擬定，
底下的員工也不會有活力去達成，
公司最後也不會獲得巨大的成長。

一個集團愈來愈大之後，
通常會逐漸將權限轉移給主管，
希望每個主管都能有這樣的想法。

然而，我卻更希望大家能描繪更多的夢想。

因為我一直認為，
一個公司的規模來自於每一個員工夢想的總合。

賺錢是努力的結果，
而不是動機

我有位同學，是個有錢的公子哥。

他的父母用祖先留下的土地，
蓋了公寓和店面出租給人，
讓他每個月都有穩定的收入。

因此，大學畢業至今，他從來沒有工作過，
到現在他每天不是打高爾夫球、旅行，
就是受人之託擔任地方事務的幹部，
全心投入支援經濟團體的活動。

這樣的他，有一段時間打算創業，
但挑戰了好幾次，結果全都以失敗收場。
他的人並不壞，只是完全不懂行銷的基本，
也不懂得做投資損益的規畫。

不過，因為他有錢，尤其不動產很多，
身邊的人也都知道這件事，
難免會有各種打著賺錢主意的人聚到他身邊。

例如，有人會問他：「要不要投資新事業？」
拜託他出資，或是告訴他某某事業進行得很順利，
只是資金不足，想向他借錢。
所以他常因此買下已不符時代潮流的餐廳……，
最後，祖先留下的資產就這樣被他幾乎揮霍殆盡。

賺錢這件事，
並不是想賺錢的人就能達成，
只有企劃出具有社會意義、對顧客有價值的事，
並且以適當的成本實現時，才會留下利潤。

商業是一種成立於各種利害關係之上的事業。

就經濟層面來說，和顧客之間的關係成立於「價格」，
和廠商之間的關係成立於「交易條件」，
和員工之間的關係成立於「薪水」，
和股東之間的關係成立於「股息」。

如果我們工作時，只知一味「迎合」各種關係的對象，
比方說，迎合顧客，賣出不符成本的廉價商品；
迎合員工，支付法律規定之外的薪資；
迎合廠商，以不合理的交易條件進貨，
或是為了討股東歡心，不顧一切提高股息……，
這樣都會讓公司轉眼破產。

因此，真正該做的是，
企劃出即使貴一點，顧客也想購買的商品；
創造讓員工「想在這裡工作」的公司，
樂意做出高於薪資的工作；
讓合作廠商期待公司即將展開的事業，
贏得信賴，願意以合理的條件進行交易；
股東也願意以較少的股息投資。

唯有實現了這種具備「未來價值」的公司，
公司才會賺錢，員工才能成長，
也才能和合作廠商一起追求進步。

所以，世界上根本沒有所謂「賺錢的行業」。

「賺錢」是上述努力的結果，而不是動機。

所以，只要一有人對我說「某某事業能賺錢」，
我就會立刻堵住耳朵。

因為我認為，
那種只對自己有利的工作或事業，
頂多只是一時，絕對無法持續。

正因期待自己對困難的事業樂在其中，
也為了實現那樣的工作，我才創立 CCC集團。

所以，即使曾面臨艱難的局面，
我至今仍樂在工作中，也想好好珍惜身邊的工作夥伴。

所謂公司的成長

昨晚，某公司的社長來找我商量工作上的事，
他創立公司只有幾年的時間，
如今公司急速成長，讓他開始煩惱。

他不知道該乘著當下的氣勢擴大公司規模，
讓公司持續急速成長好，還是放緩腳步，
致力於內部人才的培養比較好？
煩惱之餘，才會來找我商量。

我的答案很簡單。
經營公司該怎麼做，
往往不是出自經營者的選擇。
今天既然有了急速成長的機會，那就該好好運用它，
只是也不能因此疏於內部人才的培養。

換句話說，我的答案是：
既要好好重視現在的氣勢，一鼓作氣擴大公司規模，
同時也要為公司培育未來的人才。

我自己也遇過類似情形。創業第三年時，
在大阪江坂開設的蔦屋書店受到各界矚目，
吸引了很多人前來觀摩，接二連三有人提出加盟分店的要求，
然而，當時公司的體制還無法因應這麼多加盟店，
難以提供適當的支援，
但即使如此，我還是接受了加盟的要求。

結果，除了不得不在東京及九州開設分公司外，
也因人力不足而招募、聘用了更多人才。
以結論來說，最後多了許多加盟分店，
公司也成長到能支援這些分店的規模。

如果當時以充實內部資源為藉口，
拒絕加盟分店的要求，沒有做好上述這些工作的話，
或許能用自己的步調做好當時的工作，
但一定無法獲得和培養出這麼多優秀的人才。

即使勉強，我還是投入直播衛星事業，
雖然最後以失敗收場，
卻使我認識了業界優秀的人才，
了解內容產業的構造，
這些都是今日獲得成長的原因。

公司的成長或人才的培養，
都是嘗試的「結果」。

唯有經營者鼓起勇氣挑戰，
才能成就這些結果。

本末別倒置

我常問「數字」。

為什麼？
因為對人說明問題或想法時，
數字最能清楚表達。

舉例來說，
只要聽到現在室溫攝氏二十六度就知道很熱，
聽到十八度就知道很冷。

然而，當我問：「現在幾度」時，
有人卻回答我：「您會熱嗎？」
我問的明明是溫度的問題，
對方卻給了我不相干的答案。

或是我問對方：「這條路有幾公尺寬？」
得到的答案卻是「比代官山還寬。」

這兩個回答問題的人都沒有掌握數字。

回答不出對方想問的事，於是當下含混帶過，
做為創意提案的人，絕對不能做這樣的事。

為什麼會這麼說呢？
如果不知道答案，就去問，
比方說上述例子裡的道路寬度，
問到的結果就會成為自己腦中的「情報資訊」。

只回答「比某某處寬」就算了的人，
腦中永遠不會有道路寬度的數字資訊。

所以，下次再被問到同樣的問題時，
他還是只能採取一樣的方式回答。
相較之下，一旦記住數字，
就能成為自己擁有的知識。

我在推動業務時，
PowerPoint是最常用來傳達資訊的方法，
不過，那只是一種工具，
最重要的目的還是：「傳達資訊」。

昨天，我向一起投入二子玉川企劃案的企業高層介紹企劃內容，
對於用言語及數字更能傳達的內容，我通常以「口頭」說明，
遇到用文件資料或圖像照片更容易傳達的內容時，
我則用「書面」說明。

至於親眼看到最能傳達的東西，
我就會帶著他們前往當地，「當場」介紹。
關於目標、店鋪經營的方向及願景等概念，
我則是用「PowerPoint」來提報。

PowerPoint充其量只是說明的「方法」之一。

因為有想傳達的事，
才使用 PowerPoint傳達。

會議上經常會看到，
只是拿著別人做好的 PowerPoint資料簡報，
卻對內容完全不理解的人，
我實在很訝異這樣做事的人。

若是對他提案的內容提出問題，他一定完全答不出來，
只是一頁又一頁的將 PowerPoint往下翻。
明明 PowerPoint只是用來傳達想法的工具，
很多人卻將「製做 PowerPoint」變成了工作的目的。

只要好好分析時代趨勢，
掌握對顧客真正具有價值的事，
統整出一份企劃案，
一定就能自信滿滿的對客戶說明。

無法有自信的發表想法，
是因為沒有統整出一份值得自豪的提案內容。

別只是偷懶沿用過去的企劃，
即使只是微不足道的小事，
每個人都該努力做出值得自豪的「企劃案」。

每次在會議室裡聽著那些空洞的簡報時，
我總是這麼想。

二號店失敗的原因

二號店通常會失敗，
我看過許多人應驗了這個法則，
自己也經驗過幾次這樣的失敗。

蔦屋書店開了枚方一號店後，
獲得眾多顧客的支持，
所以趁勢在距離兩站的香里園開了二號店，
沒想到，這家店的經營以慘敗收場。

後來，為了收拾二號店失敗的殘局，
必須找個地方把庫存商品與雜物搬過去，
當時找到的便是江坂的倉庫，
這裡也成為後來令蔦屋書店事業蓬勃發展的江坂分店。

為什麼香里園分店會失敗呢？

現在回頭想想，
我認為原因出在一號店的成功經驗。

成功是失敗之母。
失敗是成功之母。
這雖是老生常談，
但卻是香里園失敗的原因。

簡單來說，開一號店的時候，
我事前做了徹底的市場調查，摸清競爭對手的狀況，
真正站在顧客的心情反覆思考，
琢磨消費者想去的是什麼樣的店？
想租的是什麼樣的商品？
是否打造出會讓顧客上門時怦然心動的賣場？

工作環境對員工和工讀生來說是否愉快？
有沒有不必要的工作環節……，
總之，從所有想得到的角度企劃了這家店。

之所以這麼努力，是因為一旦這家店失敗了，
我將還不出借來的錢，不只事業垮台，
甚至可能面臨家庭破滅的危機，
這些都令我戒慎恐懼。

然而，一號店成功之後，
每個月都有盈餘，就把貸款的事給忘了，
一心只想賺更多的錢。

不只如此，有了一次的成功經驗，
便以為「只要這麼做就可以了」，
於是找尋的也是可以「這麼做」的店面。

換句話說，
這次開店沒有經歷「揣摩顧客心情」的過程，
只是一味複製先前的成功模式。

問題是，客人只會去他們想去的店，
不想去的地方就不會光顧。
地點不同，競爭對手也不同，
圍繞顧客的環境更是不同。
在鄉下地方做得起來的成功模式，
拿到市中心做一樣的事卻會失敗。
理由很簡單，都市和鄉下不同，
那裡有各種打發時間的有趣服務，
也充滿了競爭對手。

相較之下，人口少的鄉下地方，
各種服務原本就比較少，
加上沒有強大的競爭對手，
符合鄉下地方需求的店面與生意和在市中心的自然不同。

眼中沒有顧客，
不去思考如何讓員工懷著雀躍的心情工作，
這樣的店首先就不可能吸引顧客上門，
在裡面工作的員工也會不開心。
過往的成功經驗，很容易讓人忽略這些基本的事，
二號店失敗的機率才會那麼大。

反過來說，
無論是不是二號店，記取一號店的經驗，
站在顧客和員工的立場思考，
打造一間讓客人想上門，
讓員工有動力工作的店，
二號店才能獲得超越一號店的成功。

我再次深切體認到，
人類是一種難以抵擋誘惑的動物，
也是容易驕矜自滿的生物。
事實上，在通往成功的路上，
比起促進事業成功的能力，
更重要的或許是不丟失謙卑的心。
一旦成功，有了自信，漸漸就會聽不進別人說的話，
這麼一來，做事將不會順利。

就像禱告、打坐一樣，我們每天都應該自我反省。

經營就是允許失敗

誰都有失敗的時候，
因為做了做不到的事，所以失敗，
可是，如果因為做不到就不去做，那就不會成長。

企劃公司的成長不該由營收和利潤的大小來衡量，
而是應該由構成企劃公司的人才與企劃能力來衡量。

前陣子我又失敗了，
可是，允許自己像這樣失敗，
才能增加做為一個人的經驗值，
下次遇到相同機會的時候，
才必定能做出一番成果。

若是一遇到失敗挫折就沮喪失意，
將會無法掌握下次成功的機會。
只要能將這次的失敗，
視為讓自己成長的機會而努力，
最後對我們一定會有益處。
因此，成功的墊腳石其實是失敗，
成功經驗反而無法成為下次成功的墊腳石。

失敗的人要能善用失敗的經驗，
積極向前，挑戰下次來臨的機會。
經營企業也一樣，正因失敗的人身上累積了能量，
所以更該給予他們再次挑戰的機會。
不過，居心不良所造成的失敗，
或是偷工減料導致的失敗就不可取了。

此外，企業愈成長，
面臨的失敗可能也愈大。
不過，為了繼續成長，還是必須持續挑戰。

然後勇敢的經歷不可免的失敗。

回想起來，我也經歷了許多失敗，
有大家熟知的失敗，也有不為人知的失敗。

而我即使經歷過這麼多失敗，
依然能夠生存到今天，
正是因為用成長的收穫彌補了失敗的損失。

換句話說，
「經營的本質就是容許失敗」。

今天的我想起這句重要的話。

模仿就是退步

創意提案這種東西，就像漂浮在北極海面的冰山，
海面下的冰，其體積是海面上看得到的好幾倍，
靠著海面下的浮力，冰山才得以漂浮在海面上。

我自己認為，
我的提案就像冰山。
簡報上沒有提到的更多經驗與資訊情報，
才是支持著我提案內容的根底與基礎。
只是模仿我表面的提案，
只會讓人覺得淺薄，少了什麼，
原因也在這裡。

同樣一則重要的訊息，
由具備各種經驗、熟知各種事物的人說出口，
和只知道表面訊息內容的人來說，
產生的說服力可說是完全不同。

今年十二月，代官山 T-SITE就要進入第四年了，
這幾年來有各路人馬模仿它，卻沒有人能做出好東西。
這是因為，在打造 T-SITE的過程中，
我們思考了許多事，經歷了種種失敗，
最後才得到這樣的結果。
站在這些經驗之上嘗試新的挑戰
所做出來的商業設施就是湘南 T-SITE。
這三年來產業發生了種種變化，
汲取這些變化所做出來的湘南 T-SITE，
也成為特色獨具的魅力空間。

在這日新月異的時代，
「模仿」就是一種退步。
無論是梅田也好，二子玉川也好，
都是因為我想嘗試各種各樣新的挑戰，
長遠來看，這原本就是理所當然的事，
也沒什麼特別值得炫耀的地方。

要時時問自己是否隨時思考著顧客的未來，
是否加深了對店面的理解，提高了企劃的品質？
唯有這樣的執念才能創造時代。
時代轉變得愈快，
我們就必須是一個創造時代的企業。

每天
都要有新發想

企劃公司賣的是「企劃」，
可是，企劃這種東西，
往往是客戶理解範圍之外的東西，
換句話說，很多是他們從未見過，
有時就算說明了也未必能理解的內容。

在推廣業務時我發現，
經營者可以分成兩種類型，
一種是積極努力的試圖理解我們提案的內容，
就算無法理解也願意放手一搏的「果決型」經營者；
一種是無論多懇切仔細的說明數字，
仍基於畏懼風險的心理而不敢做出決斷的經營者。

在過去經濟高度成長的時期，
經營者就算不刻意冒險、挑戰，
也會因為人口的增加與國家的發展，
業績不斷攀升。
然而，在技術不斷革新進化，
國際間的競爭愈來愈激烈以及人口持續減少之下，
現在的日本已經成為「不改變才是冒險」的國家，
然而，要企業主動改革卻是困難重重的事。

這是因為，
企業人士往往執著於過去的成功經驗，
在每個月的營業額都有成長之下，
主動說著「想這麼做」，
提出全新改革企劃的公司實在很少。

今天我見了一家公司的社長，
這位社長告訴我，

他要求員工每天都要有新發明，
要公司成為每天都有新發明的公司。

從「企劃出前所未有的東西」這點來看，
他所謂的發明，
除了說詞不同之外，和我的想法完全不謀而合，
使我大受感動。只有這樣的社長才能改變社會，
也只有這樣的經營者才能帶領公司成長。

我想起被自己遺忘許久的座右銘：
「無懼失敗往前走，等在前方的就會是成長」。

我們也得每天都有新發明才行，
否則就稱不上是企劃公司了。
這麼說起來，
因為最近很多創意人士只使用 Mac 電腦，
察覺到這樣的客人愈來愈多，
我們也開始準備了 Mac 專用的轉接線材。

這也是一種小小的發明！

真理只存在
敢冒風險的人身上

以前，我在歷史書上看過，
世界上的戰爭多半源自於宗教。

宗教有各式各樣，提倡的教義也完全不同，
比方說，在印度教的教義中，
牛是神聖的動物，不可吃，也不可殺。
伊斯蘭教的教義，則教導信徒要愛護豬，
若是伊斯蘭教徒在印度教徒面前大吃牛肉，
印度教徒在情感上通常難以接受，反過來也一樣。

此外，結了婚的男女或許會想，
選擇這個對象對自己的人生，
真的是正確的決定嗎？
該分手比較好？還是就這樣下去比較好呢？
有時也會這樣思考。
可是，我們在追求答案的過程中，
時而思考，時而找書來看，
或是詢問他人的意見，
而人生就在這樣的過程中結束了，
然而，人生只有一個正確答案的情況通常很少。

也就是說，

做為一個企劃公司，我們的工作目標，也不會只有一個。

只是，當我們在那邊討論、研究，

什麼才是正確的策略或方向時，

時代又已經產生新的改變。

因此，過去的我面對工作，

與其說是致力做出正確的判斷，

不如說是追求能讓顧客高興的事。

又或者說，我只看資金能不能成為利潤，

利潤足不足以償還貸款，

我一直是以這種心態工作的。

因為我認為，探究真理是學者的職責，

創造真正有價值的東西才是事業家的職責。

對於公司裡爭論什麼才正確的人或事，我一點興趣也沒有，

商場中，只看誰願意甘冒風險也要將企劃化為具體事業。

因為，真理只存在於敢冒風險的人身上。

成為主動出擊的人

自從決定成為世界第一的企劃公司那天起，
我就決定不用命令的方式帶動組織，
而要徹底做到資訊情報共享，
打造一個所有員工都能獨立自主行動的組織。

為了培養員工的自主性，
我努力做一個盡可能不發號施令的上司。
當部屬知道提供第一線資訊情報，
是用來說服上司採取行動的方式時，
公司上下自然就會分享彼此所知的資訊情報，
這就是我理想中的團隊。
當然，做為一個組織，
直接發號施令比較快，效率也比較好，
不過，我寧可犧牲效率。

即使在沒有案子、沒有錢時，
公司上下還是會一起進行各種思考，嘗試各種挑戰，
以團隊或公司為單位，一起完成工作。
這當中或許會有很多白費時間和金錢的地方，
卻能培育出自主行動的人才，
我一直這麼認為。

但是，當公司和組織規模變大之後，
團隊的主管會因為多了頭銜，
在社會上受到阿諛奉承，
在公司裡有了部屬，
產生了「我在工作上很行」的想法。

再加上，
加盟店支付的權利金與各種穩定的收入，
公司盈收逐漸增加，就更有一種做得不錯的感覺。

不只如此，
在固定的例行工作增加之下，
開始建立分工合作的制度後，
公司就會逐漸變成以命令運作的組織，
導致員工原有的自主性被剝奪。

也就是說，員工會不再思考顧客的感受，
對競爭對手的動向也不再敏感，
最後不是猛然驚覺公司已在競爭中落居下風，
就是直接被顧客拋棄。

在這技術革新不斷推陳出新的時代中，
懂得運用新技術的競爭對手只會愈來愈多。
那些只知安於穩定收入的人，
將會被運用新科技、創造新服務的新創企業所超越。

看到變化才忙著對應的公司終究會倒閉，
只有自己創造變化的公司才能不斷成長。

一個由沒有自主性的人組成的集團，
既跟不上時代的變化，
也將逐漸不再被社會需要。

「必須企劃出更多讓顧客喜愛的技術和服務，
並且努力實現」，我一直提醒自己，
不能忘記這樣的新創企業精神。

有決心，就會遇到幫助你的人

「你有足夠的決心嗎？」

公司現在經手非常多的企劃案，
這是負責其中一項企劃案的員工，
在去向企劃對象的商業設施部總監問候時，
對方問他的一句話。

儘管 CCC集團從事的是「生活提案」的事業，
但目前有能力做出生活提案的員工並不多。

舉例來說，
懂得飲食、了解住宅、通曉時尚、專精數位生活和汽車、
對藝術或葡萄酒有獨到的見解……，
包括我自己在內，擁有這些能力、
且能根據這些內容向客戶提案的員工其實並不多。

此外，能打造超過一千坪的店鋪和商業設施，
或是擁有規劃出支持這樣商業設施所需的
IT硬體設備的人也不多。

正如我在進公司的第二年，什麼都還不懂的時候，
就被任命負責輕井澤 Bell Commons的企劃工作一樣，
現在的員工也只有與當年的我程度相同的經驗與知識。
所以即使是欠缺經驗的員工，
還是能和當年負責企畫輕井澤 Bell Commons的我一樣，
在各種專業人士的協助下實現各種規劃，成功完成任務。
因為，公司交給你不是因為你做得到，
而是因為你有心想做。

就算能力還不足，想讓企劃成功，
有一樣東西一定得具備，
那就是「決心」。

只要有決心就不會逃避；
只要有決心，就不會找藉口；
只要有決心，就會出現幫助你的人；
只要有決心，就有機會創造新發現。

正因對方也是經歷過無數次這種經驗的人，
才會大聲質問那位員工：
「你有足夠的決心嗎？」

在公司外總是遇到很棒的合作對象，
我再次對這份幸運心懷感激。

信用是
一種負責的態度

因為看過很多、也經歷過很多在建立信用時絕對不能做的事，
我也從這些經驗中學到該如何建立信用。

其中之一就是：絕不把責任推卸到別人身上。

與人約定，只要經過幾次的履約，
信用就會從中產生。

蘋果公司若是每次推出新商品，
都讓來買的消費者享有美好的使用經驗，
自然就會產生「蘋果公司很厲害」的品牌印象。

因此，包括重要承諾在內，無論是多小的約定，
甚至是宴席間的口頭約定，
我都會盡可能去實現說出的約定。
努力透過實現約定，博得對方的信賴。

然而，隨著公司和工作規模的擴大，
我必須委託別人進行的工作也愈來愈多。

舉例來說，客戶委託我們建築的企劃，
我們不可能自己做，只能委託建設公司。
此外，企劃商品時，進貨的工作也得交由批發商進行。

只有當委託的廠商遵守承諾時，
我們才能實現對客戶的承諾。
可是，面對我們這種小公司，
很多廠商往往會把工作或交期延後，
使我們常常面臨無法準時完成客戶交付的情況。

不過，這種時候我絕對不會把責任推到廠商身上。
如果延遲的是商品，我就會親自到工廠取貨，
如果缺少的是建材，我就會四處奔走、調貨。

這是因為，即使我認為這是廠商的問題，
客戶也只會認為增田（CCC集團）是個不遵守承諾的人（公司）。

所以，我「絕對」不會把責任推到別人身上。

長期下來，
自然能夠吸引更多案子，接到更多工作，
使得自己擁有更多的資訊和經驗，
除了能提高自己的企劃能力之外，
一定也會對日後的新企劃有所助益。

善用人類獨有的直覺力

我們有時可以從數據資料中看出世界趨勢的變化，
或是從數據資料中理解顧客在想什麼。
只是，數據資料就只是數據資料，
創造不出任何新事物。

儘管我常說，
我們是根據數據資料做市場行銷的「資料庫行銷」企業，
然而打從創業時，我就一直認為，
「坐擁巨大的資料庫也創造不出任何東西」。

重要的是，解讀數據資料的感受力和經驗。

不過，比起這兩點，我更重視的是，
人類與生俱來的「直覺力」。

創業至今，我面試過許多人，
往往能夠憑直覺判斷「這個人應該值得信賴」，
或是「這個人應該很有工作能力」。

當然，直覺一定也有失準的時候。

對於建築或店面也一樣，
親自走一趟，實際到現場去看，
多半可以感受到那個地點的好壞。

說得更具體一點，
為了檢驗自己的直覺，
我會著手進行各種調查，
用更理性的方式下判斷。

對我而言，
數據資料不是企劃所需的工具，
而是用來檢驗或說服他人的工具。

前一陣子，
有人拜託我去某個地點看看某個店面。

一到那裡，我就覺得似乎缺少了什麼，
感到有些不安，
怎麼也無法說出「這個地點很不錯」，
後來，那個地方果然發生了令人遺憾的事故。

不用什麼大道理，
人類天生擁有這種直覺感受力。

CCC集團的股票剛上市時，
董事們常跟我說，
不要老是把「憑直覺」掛在嘴上。
原因是，靠直覺經營容易給人低層次經營的感覺，
會影響公司的股價。

可是，我認為善用人類與生俱來的想像力和直覺力，
才是存活於現今這個資訊社會的重要能力。

今後的時代，
蒐集、統計、分析數字將是電腦的工作。

在經營上，必須將人類與生俱來的能力，
發揮得更淋漓盡致才行，
這是我最近深切感受到的事。

走出你的工作崗位

所有的事都是從一個人開始的。

創立蔦屋書店的想法，
最初只在我的腦海中。

當時我只邀了伊藤，我們兩人就從蔦屋書店枚方店開始經營。

店面設計、賣場規劃、商品進貨、
工讀生的招募、賣場分類POP、
收銀櫃台的動線設計、銷售日報，
還有最重要的銀行貸款，全都是我們兩個人一起完成的，
當然，店鋪的裝潢施工和招牌是委託專家施做的。

為了做好這些，
我們努力釐清經營概念，
製作營業額計畫表，進行市場調查，
設計工讀生教育訓練手冊，
連員工班表的格式都是我們自己想出來的。

開幕第一天，
光是計算營收就花了很長的時間，
沒有多餘心力檢查收銀誤差。

打烊後，兩個人一起將商品歸架，
做好隔天開店營業的準備。

第二天，一邊交貨、點貨，
一邊思考商品如何分類、如何向消費者提案，
忙碌的進行上架和設置促銷 POP的工作。
總之，大大大小的事情都是由我們兩人一手包辦。

至於店面，則是花了好幾個月的時間和房東交涉，
簽訂合約時，也和律師不知來回討論過多少次，
最後甚至連報稅也是我們和會計師一起去申報的。

然而，當一號店成功之後，
陸續開了二號店、三號店……，
在這個過程中逐漸擴大了組織，
從兩人一手包辦所有事務的小公司，
變成了分工體制的組織。

比方說，
展店有展店的負責人，
商品有商品的負責人，
營運有營運的負責人，
會計和人事等後端事務也各自有負責的人，
就像這樣逐漸分工各項專業。

到了成為全國連鎖事業後，
每個地區更有區域的負責人，
也多了專門負責 IT與資料庫的負責人。
等到完成一個能有效率展店及營運的組織時，
每個人的工作都成了固定的例行公事。

前幾天，某公司的經營團隊到我們公司拜訪，
讓我深深感覺：
經營分工愈細，資訊情報就會被切割得愈破碎，
無法讓公司全體員工共享資訊情報。

舉例來說，提案飲食生活的人，
每天都必須去獲取各種關於飲食的知識，
至少必須參加有餐飲博覽會之稱的米蘭食品展才行，
也必須熟悉各式各樣關於餐飲的資訊情報，
否則無法企劃出新的餐飲賣場。

然而，大企業裡的餐飲負責人往往是因為被公司交付，
才接下管理餐飲賣場的工作，
很少是原本就擁有這些相關資訊和專業的人。

因此多數人每天都只是一直想著，
如何讓賣場的營收比去年更好，
一味的站在「供給者」的立場去思考。

忘了真正該做的是揣摩顧客的心情，
去品嚐全世界的美食，實地前往各地的餐飲店，
徹底查訪新的餐飲系統，提出新的飲食生活提案。
明明必須這麼做，卻很少看到大企業的餐飲負責人這麼做。

大約二十年前，
當我說要讓 CCC集團成為資料庫行銷企業時，
很多人都把我當成傻子，
但最近我在想的已是如何在生活風格的領域中，
成為日本第一的企業。

通常只要被質疑「你只是在浪費時間」，
或是「你在說什麼傻話」，那就對了。

因為，這表示沒有人打算跟你做一樣的事，
先投入的人，就很有可能成為那個領域的第一名。

這就是我最近偷偷打的主意。

風格是一種商機

時時回到原點

大家一起，
開心的，
做喜歡的事。

這是剛成立公司時，
不斷在我心中浮現的話。

既然都是要工作，
當然要和喜歡的夥伴一起開心的做自己喜歡的事。

當然，這三十二年來工作上不全都是令我開心的事，
只是回首過往，整體說來還是很愉快，
而且現在也很樂在其中。

期間也遇到幾個重要的轉捩點。

第一個轉捩點，
是枚方店開店後營收上立刻大有斬獲，
決定在江坂開蔦屋書店二號店時，
當然，當時也只能以一號店的人才陣容去開二號店，
原本的枚方一號店的體質自然也就變差了。

業績雖然沒有減少，
但提供顧客服務的員工，
主要是以不熟悉服務工作的工讀生為主，
導致服務水準低落。
那時，「海蒂居酒屋」的老闆娘告訴我，
「展店是公司的事，是自己決定要做的，
不能為此犧牲重要的客人」。
確實如此，一旦服務水準降低，
客人若是感到不滿意，就不會再上門了，
這樣下去，生意肯定無法長久。

開了二號店之後，
身邊的人多半只會對我歌功頌德，
所以這對當時的我是非常重要的一句提醒。
於是我立刻調整枚方店的服務品質，
努力實現比開江坂店時更好的服務。
結果，不只枚方店，
連帶也提高了江坂店的服務水準，
讓兩邊的客人都很滿意。

同樣的事，在創立 CCC集團、
開始展開連鎖加盟事業時，
從我創業開始就一直給我指導的舅舅也曾這麼告訴我：
「擴大公司的目的是什麼？
我能明白你想擴大公司規模的心情，
但是公司變大了，做起事來也會受到限制，失去自由。」

不知為何，公司規模一變大，
經營者就會產生自己也變得偉大的錯覺。
沒錯，公司擴大代表貸款增加、員工增加，
必須經營管理的事也增加，多了許多不好玩的工作。
舅舅當時一定是想告訴我，人生有限，
最好不要增加自己做起來不開心、不有趣的工作。

然而，我心中卻也這麼想：
有些事不先擴大公司規模就辦不到，
既然有辦不到的事，那也等於受到限制，
不夠自由。正因我真心想追求自由，
所以才想擴大公司規模。舉例來說，

公司規模不擴大，就無法投資資訊系統；
公司規模不擴大，交易時就拿不到好條件；
公司規模不擴大，優秀的人才就不願意進來；
公司規模不擴大，就租不到好店面，
當然銀行放款時也不願壓低利息。
換句話說，只要將公司規模擴大，
公司就能賺入更多盈收，做各種想做的事，
吸引優秀的員工，對每一位客人提供更好的服務。

我在前一個公司時也曾學到
「一切都必須集中在賣場」的道理。

然而，在擴大公司規模的過程中，
很容易不知不覺忘了當初想擴大公司的初心，
只是一味的沾沾自喜。

不僅服務品質變差，
工作的樂趣也減少了，
逐漸的失去擴大公司規模的意義。

必須時時切記，做一家令員工樂在工作的公司才行，
必須實現還是小公司時無法提供的服務，
讓客人更開心才行。

走在歲末擁擠的人群中，
我回想起自己的原點。

拉大成本與價值之間的落差

聽到「推銷業務」時，
大家或許會想到賣東西給客戶，
藉此賺取金錢。不過，
推銷的本質並不是這麼簡單的事。

只為了企業的私心，
就讓顧客花錢買下被推銷的東西，
在這樣的情況下顧客或企業怎麼會開心。

那麼，對方為什麼會願意買下商品呢？
是因為能獲得比購物成本更高的價值。

付出的金錢與獲得的價值之間落差愈大，
買下東西的人也就愈開心，
也會愈感謝賣東西給他的人。

我一直都把著眼點放在這個「落差」上。

若是付出的金額和獲得的價值相等時，
買方或許不會有怨言，
但下次可能就不會再光顧了。
只有獲得的價值比付出的金額大時，
對方才會再期待下一次，也才會想再次光顧。

這說起來理所當然，實行起來卻很困難。

就算自己認為手頭的商品價值有 5，
對某些人來說可能只有 3，對有些人則可能高達 10。
也可能有取悅不了的客戶，
最差的商品，有時也會為客戶帶來幸福。

換句話說，商品沒有絕對的價值。

因此，我要推出任何東西之前，
總是盡全力先了解客戶的想法。

客戶處於何種狀態？
現在和未來需要什麼？
什麼東西會對他們公司有益處？
這個公司的問題是什麼？
徹底探究能使這家公司成長的各種因素。

包括閱讀與這家公司相關的書籍、
刊登過經營者言論的雜誌，
或是徹底分析股東狀況、
董事會結構、營業額及盈利走勢等等。

一方面分析這些資料，和經營者會面，
一方面找出這家公司還缺少什麼，
提出對這家公司來說今後最需要的東西。

若是現有的商品符合對方的需求，
就直接推薦給對方，
但如果沒有，就得創造出被想要的商品來。
正因一路走來都像這樣從零創造出各種東西，
才有今天的我們。

擁有創造商品的企劃力，
賣出令客戶開心的商品，
使顧客信賴我們的產品。

推廣業務這件事，
其實就是拿出這樣的企劃力，
博得顧客的信賴，
這對企業來說是最重要的一件事。

決不是只是賣東西賺錢，
商場上絕對沒有只有自己獲利這回事。

對企業來說，推銷業務這件事，
或許和人類「活下去」是同樣的意思。

賺錢是為了獲得自由

今天三點，要開一年一度的全體社員大會，
一大早社長室成員就在準備報告的內容，
天氣很好，明天開始就要邁入新的年度，
於是我請他們在簡報的封面放上櫻花的照片。

聚集在高輪飯店崑崙宴會廳的員工，
總共有兩千五百人。
即使這麼多人一起開會，
每次還是都能準時開始，
讓我對CCC的「文化」非常引以為傲。

主題與約定或感謝絲毫沒有任何關係，
但所有參加會議的人都沒有遲到，
上台發表的人也都沒有超過預定的時間，
不做束縛大家的事，這一點非常重要，
我總是這麼認為。

在今天的全體社員大會上，
我除了想跟大家一起檢討回顧2015年，
也要和大家分享2016年將有的新制度和新展望。

這幾年來和很多客戶往來，
我愈來愈感覺到許多企業對於企劃平台、
DB（Database資料庫）的迫切需求，
尤其是在「生活風格提案力」上對我們有很深的期待。

所以，我決定今後我們只做「三件事」：

做為全世界最好的企劃公司，提供「設計平台的工作」；

做為 DBMK（資料庫行銷）企業，提供「資料庫諮詢」；

以及為平台相關事業公司，提供「生活風格的內容」。

人為什麼工作？

我們想擁有什麼樣的人生？

創業之後，事業剛開始上軌道時，我也曾思考過這些問題，

和大家一起討論過公司的願景和堅持的價值，

確定我們最想做、也認為最重要的是「自由」。

工作雖然是為了賺取生活所需的金錢，

但賺錢的目的，應該是讓自己活得像自己，獲得「自由」，

而且，即使離開了工作，也要做一個自由的人。

我希望能透過工作，累積金錢、人脈、經驗與技術，

打造一個這樣的公司。換句話說，

我想讓公司成為一個能讓人獲得自由的地方。

說起來很簡單，

然而公司若沒賺錢，就無法說這種話，

不僅沒辦法進軍海外，也買不起最新的 IT 工具，

貸款太多更是會被銀行牽著鼻子走，

股票一旦上市，又得聽股東的話。

「想要過得自由，想要獲得自由，」

我想起自己光是為了這個目標，

這三十多年來一直努力的事。

希望未來的一年，能成為讓大家更自由的一年，

也希望我們能成為匯聚企劃人才、

吃喝玩樂專家和資料庫高手的一家公司。

用企劃力
找出
最佳解決方案

一般說來，
細長型大樓明明是小型建築，
卻設置了超乎必要的樓梯和電梯，
對住的人來說，空間既狹窄又不方便。

所以我常想，
要是擁有土地的人能合起來蓋一棟大建築，
「效率」不但比較好，對住的人來說，
也能住在「舒適的房屋」裡。
明知如此，擁有土地的人，
還是只在自己的土地上蓋只屬於自己的建築，
導致外觀設計紛亂的各種細長型建築在市中心雜然林立，
使得城市的風景也變醜了。

巴黎這個都市在十九世紀（距今一百六十年前）時，
因拿破崙三世規定了建築物的高度，
統一了建材、外觀設計與顏色，
讓這些根據當時建築法規而建的美麗房舍至今依然矗立巴黎，
巴黎之所以能成為一個如此美麗的城市，實非偶然。

個人的自由（在自己的土地上蓋自己的房子）以及
整體的最佳利益（美麗的街道）如何取捨，
至今也有過許多爭議，
我還是認為該選擇對生活其中的人及市民最好的做法，
一旦太推崇個人權利，
最後反而連個人資產也會蒙受損失。

經營或治理公司也一樣，
往往會面臨利害關係互相衝突的事。
我經常深深體會到，
這種時候只能去企劃「解決方法」，
一邊傾聽握有權利者的說法，一邊解決問題。

換句話說，治理公司最需要的，
說到底也還是「企劃能力」。
看著巴黎的街景，
我再次體認了企劃集團存在的重要性。

經營要有哲學

要成長，唯有戰鬥

在相撲的世界裡，
剛投入門下的弟子要成為「幕內」是非常困難的事。

可是，為了成為「幕內力士」，
每個選手都會非常努力。

成為「幕內力士」後，
接下來再循序漸進達成「小結」、「大關」等目標，
夢想有朝一日成為「橫綱」。

剛投入師傅門下的力士，
甚至不被允許和「幕內力士」交手過招，
可是，只要不斷努力增加勝利的次數，
總有一天一定能當上「幕內力士」。

我或許也是如此，在脫離上班族生涯後，
努力擴展蔦屋書店的加盟連鎖店，
開拓 T-CARD 的結盟企業，
好不容易當上了企業界的「幕內力士」。

緊接著，上了 NHK 的節目，
打造了枚方 T-SITE，
為了增加來自海外的客戶，
致力協助 Airbnb 進駐日本，
甚至和世界知名運動用品廠商亞瑟士合作，
開始有了和「大關」、「橫綱」等級的力士交手的機會。

無論哪一種工作，一定少不了競爭對手，
只是工作內容和規模不同，競爭對手也會跟著不同。
還是一間小店，只和附近出租店競爭的時期，
做為加盟總部，與其他加盟連鎖店競爭的時期，
以及發展書店的時期、商業設施的時期，
我們的競爭對手都不一樣，
工作內容當然也會跟著改變，
必須學會活用資料庫、商品企劃，
以及店鋪企劃等工作。

現在面對的顧客當然已經不同了，
「競爭對手」也改變了，
最近我也經常深切的感受到，
對手的力量愈來愈強大。

成長是一件令人開心的事，
但同時，也會有不得不與強大對手競爭的時候，
伴隨著直面對決的風險。

這時要逃，還是要戰？

不用說，為了成長，唯有戰鬥！

大膽挑戰原本不會的事

重複做同樣的事，
是不會成長的。

公司和人都一樣，
每年都應該有所成長才是。

為什麼這麼說呢？
隨著年齡增加，員工不能總是一直領同樣的薪水，
再說，如果一輩子只會做幾件固定的事，
不覺得很可惜嗎？

事實上，
成長是人與社會的「自然發展」。

成長的結果會直接展現在營業額上，
營業額只是「結果」，不去創造成長的「原因」，
一味要求營業額成長，
這雖然是錯的，但若從結果來說，
一個企業畢竟必須在營業額和盈利有所成長才行，
因為獲得更多盈利，也才能獲得更多的自由。

蔦屋書店一九八三年誕生於大阪枚方市，
透過電影、音樂與遊戲，
成為向年輕人提出生活提案的一個平台。

這樣的蔦屋書店透過拓展加盟店，
在江坂、東京、鹿兒島、青森、四國及北海道等地，
逐漸發展、茁壯。

在思考人口結構的變化後，
2011年我又在代官山開設了蔦屋書店，
目的是打造一間讓團塊世代的人也能樂在其中的書店。

這樣的蔦屋書店，
現在已發展到函館、湘南與京都等七個地方。

此外，為了讓蔦屋書店的會員證，
不只限於蔦屋書店使用，
我們企劃了可開放認證的「T-CARD」，
以及在任何地方購物都能獲得共通點數的「T-POINT」，
兩者現在皆已普及化，共有高達六千萬人正在使用。

今年，基於日本人口不斷減少，
為了刺激國內經濟，開拓海外集客事業，
我們也與 Airbnb 攜手合作，
計畫明年開設專為外國顧客量身打造的蔦屋書店。

在這個過程中，
只懂直營事業的人，
必須累積加盟連鎖的相關知識，
學習大型商業設施的企劃方式，
了解新的集點卡操作模式，努力到大企業推廣業務，
就算不會講英文，仍然要面對到外國企業去提案的挑戰，
可以說做了一連串原本不會做的事。

挑戰原本不會做的事，
不僅為員工帶來成長，最後也使公司跟著成長。

公司不只要增加營業額和獲利，
更要努力成為一家能提供更多客戶新構想的企劃公司，
只要一步一腳印的努力，就能有所成長。

不要只是安於穩定收入，每天只做同樣的工作，
要去挑戰更多新工作，享受工作的樂趣，
一個人才會有所成長，
這是今天早上我在董事會上想到的事。

為了實現這些想法，
經營階層該著手去做的事，
真是愈來愈多了。

———

第 2 章

組織要超越管理

組織要像七人座小船

有一種叫做「Regatta」的五人座小型賽舟，
左右兩邊各坐兩個人，四個人負責操槳划船，
但為了讓四個人的節奏整齊劃一，
船尾還有另一個人負責發號施令，
這個人不用操槳划船，
雖然會增加船身前進時的阻力，
但因為有他，另外四個人的動作才能整齊畫一，
讓速度因此可以更快。

若是將小船比喻為組織，
業務的部門與各司其職的員工，
就組合成一個很有效率的組織。

之後會逐漸增加第六、第七個人上船，
一個人負責觀察天象，預測隔天的天氣，
另一個人負責檢查水質，
想辦法減少船身與水產生的摩擦力。

然而，這兩人的研究成果雖然能使小船的速度提升，
卻無法抵銷體重帶來的減速，
船前進的整體速度也會因此變慢了，
於是只好請他們下船。

然而，變成龐大的組織後，
由於不容易察覺船隻速度變慢，
內部很容易就以檢查水質的名義，
或是預測隔天天氣的需要，
允許第六、第七個人上船。

事實上這兩人的工作，
也可以在陸地上找研究機構進行，
只要將研究成果帶到船上實踐就可以了。
若是遇到不想讓船划得更快的組織領導人，
就很容易在偏好研究的人影響下，
讓愈來愈多這樣的人上船。

漸漸的，船會因為負責划船的操槳手累了，
或是負載沉重而開始下沉。
這種景象，我在很多公司看過，
所以下定決心，自己經營公司時，
絕對不讓組織成為這樣的大企業。

因此，打從創業開始，
我就認為維持小型集團比較好，
以不同事業為單位，開設分公司，
創立了很多不同的分公司。
因為我一直認為，透過這樣的方式，
大家將更容易掌握公司的成本與獲利。

今早一邊聽取經營會議報告，一邊想著這些事，
心想，CCC集團也到了「再次創造歷史的時機」。

即使是效率良好的一群小船，
若是全部擠在一條小河裡，
或許也會因為互相碰撞或船槳交纏而施展不開。

避免成長的副作用

所謂彼得原理是一九六九年時，
一位叫勞倫斯‧彼得（Laurence Peter）的人所提出，
他發現人成長時有一種共通法則。

人會因為在某個領域表現出色、受到認同時，
想往下一個舞台邁進。
然而，做得出美味佳餚的主廚，
未必能把餐廳經營得很好，
一個優秀的業務人員，在當上業務部長後，
也未必具備帶領部屬的領導能力。

在某個位置上交出亮麗成績的人往往會受到周遭的期待，
希望他在下一個舞台上發光發熱，
但這反而會使他變得完全「無能」，
這就是勞倫斯‧彼得發現的法則。

自知現在挑戰的是原本做不到的事時，
多數人會拚命思考為什麼做不到？用什麼方法才能做到？
相較之下，在別人的命令下改變自己所處的位置時，
因為受到周遭期待，便以為自己做得到，
在進展不順利時，就很難產生突破難關的能量，
此時只會帶著過高的自尊心，
不停煩惱「為什麼不順利」、「不該是這樣的」。

而主動挑戰難題的人，
既不用背負周遭多餘的期待，
又因為是出於自己的選擇，
就會把「進展不順利」當成意料中的事。

我之所以在各種場合強調「自主性」，
就是因為深知「自己決定」的重要性。

「一起、開心的、做喜歡的事」。
這句話的背後有一個前提，
那就是堅持「不把責任推給別人，自己思考、主動挑戰」的美學。

無法主動承受風險的人，
做起事來既不開心，又難以有所成長，
這樣的人，變成彼得口中「無能者」的可能性就很高。

懂思考的集團
與不懂思考的集團

創業至今，
每當被問到關於組織「願景」的問題時，
我向來這麼說：
「希望公司能像用無線電聯繫的個人計程車集團」。
這就是我的答案。

我並不打算開一家大公司。

原因是，
CCC的目標是成為世界上最好的企劃公司，
成為規模龐大的大企業並非我的目標。

簡單說，我希望公司要成為一個「懂思考的組織」，
不思考也活得下去的組織不是CCC理想中的目標。
比起隸屬大車行的計程車司機，
個人計程車的司機必須「思考」的機會多太多了。

隸屬大車行的計程車司機，
即使有幾天身體不舒服沒上路，
還是能領到每個月的薪水，
個人計程車司機就無法如此，
所以，個人計程車司機會比別人更重視自己的健康。

靠行的計程車司機想轉行也比較自由，
個人計程車司機因為必須先回收投資在事業上的資金，
所以無法輕易轉行。

如果一個懂思考的百人集團，
和不思考的千人集團戰鬥，
你覺得哪一邊會贏？

要實現一個懂思考的集團，
靠的並非召集一群喜歡思考的人，
而是要讓集團成員置身於非思考不可的立場。

賺錢的事業就拜託事業夥伴去做，
我一直主張 CCC 是一家負責企劃的企劃公司，
企劃公司做的是創意提案。

可是，當企劃出的事業博得好評，
公司規模變大，收入也穩定之後，
人就會漸漸不去思考了。

今天我領悟到，
要成為世上最好的企劃公司，
是很危險的一件事！

命令無法打動人，夢想才可以

我一直覺得擁有部屬之後，
就必須將有一本書列入閱讀清單，
那就是美國戴爾・卡內基（Dale Carnegie）所寫的名著。

看到一頭牛躺在路中間，妨礙了通行，
多數人會不管三七二十一的拉動牛繩，
可是，不管怎麼拉，牛往往就是不動。

看到這一幕，
有些人會懂得拿出牛喜歡吃的東西在牠鼻子前面晃，
就這樣順利移開了牛。

簡單來說，想要打動人，
也是要用這樣的知識與技術，
這也是這本書所強調的道理。

我年輕時，
讀了這本書，覺得很有道理，
恍然大悟「原來光靠命令是無法打動人的」。

而我後來也發現，
這也代表著「沒有打動不了的人」。

所以我就請古文字書法家幫我寫了：
「無我夢中」四個字。

這張書法作品現在還掛在青葉台的迎賓館裡。

有人告訴我，

這句話的意思是：

身在夢中，就會失去自我。

換句話說，人的存在本身是自私的，

以自我為中心。

可是，當和別人同心協力，

想要達成一個「夢想」時，

人就能掌控自己的自我。

在二〇〇九年舉行的世界棒球經典賽上，

就連那個向來以自我為中心的鈴木一朗，

在遇上強敵美國隊時，為了戰勝對手，拿下世界冠軍，

從懷抱這個「夢想」的那一瞬間起，

他就拋棄了自我意識。

不只早上第一個到球場練球，

還將與美國隊對戰時的各種訣竅，

傳授給年輕的隊員們。

我頓時了解，

命令無法打動人，夢想才可以。

為了強調夢想的重要性，

我特地請人寫下了那幅書法。

這麼說吧，身為領導人，

必須擁有整合人才、打動人心的力量，

不過，除了技術層面之外，

更重要的是，
必須擁有為集團描繪夢想的能力。

「成為世界上最棒的企劃公司」，
打從一開始這就是我成立 CCC集團的夢想。

永保新創公司的動能

人是為了生活而工作。某些情況下，
小偷只靠一個人也能闖進別人家中盜取財物，
供自己生活所需，
唯有搶銀行，沒辦法只靠一個人獨力進行。

必須有人負責開車，
有人負責調查銀行平面圖，
有人負責解除保全系統，
有人負責把風，
有人負責搬運金塊，
有人負責銷贓換取現金，
是個人人各司其職，各有專業的集團。

換句話說，搶銀行前得先招募夥伴。

「公司（company）」這個字的語源即是「夥伴」，
公司做的也是無法靠一個人獨力進行，必須集體合作的事，
也因此公司這個字的原義是夥伴。

而一群銀行搶匪的首腦，必須負責做什麼呢？
除了負責決定以哪間銀行為目標，也就是謀定「戰術」，
還要負責召集夥伴，也就是招募人手，
最後，還要負責得手後的「利益分配」。

利益分配如果只是單純除以人頭，一定會有人抱怨，
所以，要做出讓每個人心服口服，
符合每個人職責與貢獻的分配，
否則，下次行動時，就會召集不到願意加入的夥伴。

換句話說，身為首腦，
最重要的是具備召集人手的能力和分配收入的能力。

不過，上市上櫃公司這些發展完善的公司，
早已存在一套既定的報酬制度，
不用多傷腦筋，輕易就能決定報酬，
這樣的機制已經成型。

這些企業領導者所做的，
只不過是依循這套制度對員工做出評價，
而非根據每個人的能力及工作成果分配收入，
不算達成領導者最重要的「利益分配」責任。

所以，有能力的人都從公司獨立出去，自己開公司了；
所以，大企業都很難成長，也無法革新。

CCC集團將從今年起導入「阿米巴經營模式」，
目標是成為小規模的新創企業那樣，
根據每個人的工作內容及成果給予報酬。
不同的公司和事業面對狀況不同，
若是個別評價，將會產生不公平的結果，
為了避免不公平，應該成立酬勞委員會，
經過全體經營層討論之後，企劃出一套新的報酬思考模式，
身為一家企劃公司，我希望能創造出一套值得自豪的報酬制度。

目標明確，
就會產生動能

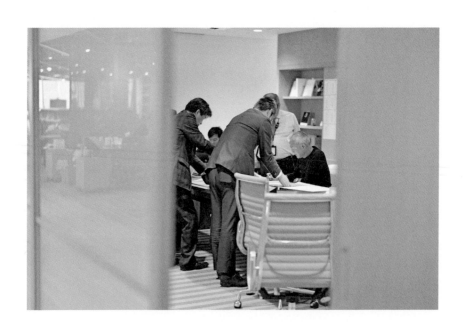

創業後，我請教了各行各業的顧問，
請他們指導關於經營公司的訣竅，
船井綜合研究所的平川先生即是其中一人。

他教會我的是，
要為組織帶來活力就必須力行四大要務：

1、目標明確
2、組織單純
3、集思廣益
4、賞罰分明

關於「目標明確」這一點，
我最近經常感到確實有其必要。
CCC這個集團並非單一的事業體，
在不斷企畫和展開各種事業之下，
整個集團的公司總數，已經達到七十家的規模，
員工總數更是成長到三千五百人。

「透過企劃貢獻社會」，
這個理念打從我創業以來從未變過，
「成為全世界最棒的企劃公司」這個目標至今也依然激勵著我。

不過，空有理念式的目標，
並無法刺激員工的工作動力，也無法評價成果。
於是，我改以每個團隊、每項事業或每個公司為單位，
決定每年的目標。

關於二〇一一年向MBO借的一千億日圓貸款，
我也定下今年度內償清到只剩三百億日圓的目標。
原因是，這幾年來CCC集團每年整體創造的現金收入，
已超過兩百億日圓，只要欠款低於三百億日圓，
實質上就等於沒有欠款。

我個人也正在努力鍛鍊身體，
目標是十二月參加夏威夷檀香山馬拉松時，
能在六小時內跑完全程。
體重也希望能減到低於七十二公斤，
這些目標，都讓我開始致力於控制飲食與鍛鍊身體。

無論是事業、團隊，還是個人，
只要有「明確的目標」，
就會產生動力，評價起來也容易。

只要有明確的目標，
不只容易要求相應的報酬，
給予評價的一方也比較知道怎麼做出獎勵。

要實現「賞罰分明」，
就需要先有明確的目標。

一個充滿活力的組織，一定有其充滿活力的原因。

速度比大小
更重要

人一知道什麼好事，
就會想要跟誰說。

人一有什麼煩惱，
就會想找誰商量。

所以，情報在流通時，
「誰」就成了一個關鍵字。

組織內部的情報流通也一樣，
該對誰說？該找誰商量？
只要對象明確，情報的流通就會順暢。

不確定該告訴誰，
不確定該找誰商量，
情報就會滯礙不通。

與人數多寡無關，
只要集團或組織裡的成員職務愈分明，
組織愈單純，情報就愈不容易滯礙。
因為情報如同血液一般，
血液滯礙不通不僅對身體不好，
而且比起體型大小，血流的速度更為重要。

我們的社長室成員（公關）現在只有六個人，
對一個擁有三千五百名員工的集團來說，
我們社長室的人數少得罕見。

然而，人數愈少，
每個員工的職務和任務就愈明確，
什麼情報該告訴誰，
發生問題時該找誰商量都會很清楚，
彼此可以放心共享情報。

人數一旦增加，工作的分工就會愈細，
什麼事該告訴誰，
什麼問題該找誰商量都會變得難以判斷。

因此，運作良好的組織不是必須維持少數人員，
就是必須保持組織單純。

今年 CCC集團開始導入阿米巴經營方針，
我希望擔起重任的所有領導者們，
能以擁有少數精銳成員為目標，保持組織的單純和彈性。

賞罰要分明

在輕井澤的外宿會議上，
忘了是誰說：「人是一種想被稱讚的動物」。

只是對有些人來說，工作是為了生活。
對某些人而言，
工作卻是實現自我的過程。

所以，賞罰的「內容」得因人而異。

為了生活而工作的人，薪資報酬就成了推動他們的重要因素，
強烈想在團隊中獲得認同的人，
相較於金錢，讚賞是激勵他們挑戰最重要的動力，
至於為了實現自我而工作的人，
立場和權限才是最吸引他們不斷突破的因素。

但不管是哪一種人，
每個人都希望被讚賞，
也希望獲得與工作成果相應的報酬。

因此，
給每個人工作的任務目標必須明確，
給予報酬時，
也應該呼應他為公司賺取的盈收才行。

比起快、慢、做得好、做得不好，
我們更該看一個人是否達成了承諾的工作？
若未達成，又和當初承諾的數字落差有多大？
如果不先釐清這些，就無法給予適當的評價。

換句話說，要做到賞罰分明，
必須釐清每個人的工作內容以及當初承諾的數字，
否則不可能確實做到。

只有在每個團隊成員職責分明（單純的組織），
以及承諾達到的數字明確（明確的目標），
並且擁有一個足以實現目標任務和數字的團隊（集思廣益）時，
才有可能成為一個充滿活力的組織。

欠缺任何一點，
都將無法實現這樣的組織。
這當中除了團隊成員必須相信領導者，
領導者也必須信賴團隊成員，
這四大要素皆是絕對的條件。

想做到這四點，最重要的不是能力，
而是想為大家帶來活力的執著信念，
要實現一個充滿活力的團隊，
其實正如聖經所說的：「你們求，必要給你們」。

在世界盃中
奮戰的日本教會我的事

日本橄欖球隊的總教練艾狄・瓊斯（Eddie Jones）
在知道日本隊無法進入總決賽，
最後對上美國隊的那場比賽前，他說了一句話：
「讓我們成為史上第一個獲得三場勝利、
卻無法進入總決賽的隊伍吧。」

當時日本隊已經戰勝了打進冠軍賽的南非隊，
稍早前也已經擊敗了薩摩亞隊。
不過，即使在對美國隊的最後一戰中獲得勝利，
還是無法打進總決賽。
在這種令人沮喪的狀況下，
身為領導者的總教練用這句名垂青史的名言，
為球員們指出了明確的目標，
這樣的領導力真是令人感動。

而五郎丸選手的話也很發人深省：
「請大家為穿上日本隊球衣努力拚戰的外國選手加油。」
這番呼籲球迷給予團隊成員公平讚賞的話，
也很令人動容。

最重要、也最令我感動的是，
包括場邊待命的選手在內，
當時日本隊全體球員完全團結一致，合為一體。

在 CCC 集團中，有時因為事業領域不同，
有時內勤的工作人員與第一線的工作人員站在不同立場，
往往無法彼此互相理解，
很多時候只能在孤立的狀況下行動。

橄欖球這項運動，
前鋒和後衛的任務各不相同，
加上在中間串起兩者的傳鋒，
每個球員的職責都不一樣。

這十五個任務、立場與體型都不相同的隊員
動作宛如一群生命共同體的沙丁魚，
可以感覺得到他們當時完全團結一心。

前鋒想著自己在球場上非努力不可，
不能給身邊的隊友添麻煩，
後衛也堅信能拿到傳出來的球而努力奔跑，
而前鋒也支持著這樣的後衛，
就在這樣的互相信任中提高了速度。

即使是跑得再快的選手，
若不認為球會傳到自己手上，就不會拚了命的跑，
如果不是一心想著夥伴，一旦跑累了就會很想停下來用走的。
但我在這支球隊身上完全看不到這樣的動作，
他們之所以能戰勝體格和經驗都遠優於自己的強隊，
正是因為這一點。而這就是所謂的「日本精神」。

我一邊看一邊反省，CCC集團也應該向他們學習，
若要成為一個合為一體的團隊，
每個人都必須更努力的追求進步，
CCC集團一定還有空間成為一個更好的團隊。

領導人
要有守護員工的決心

六十四歲之後，我經常被問到接班人是誰？
是否已經決定好下一任社長由誰接任？

被問到這些問題時，
我總會思考一個領導人必須具備哪些資質與能力？

一個團隊，通常會有非常出色的業務人員、
才幹出眾的企畫人才，以及優秀的後備支援小組，
才能靠著團隊之力分工合作，不斷的提高工作成果。

因此，真正的領導力應該是即使自己什麼也不做，
各領域的專業人才也能為團隊創造生產力。
我在大企業裡，經常看到對第一線工作不熟悉、
但經營能力受到期待而被挖角成為社長的人。

當然，也有像日本橄欖球隊的艾狄‧瓊斯教練那樣，
既擁有現場經驗，又具備領導能力的人。

我在傑出企業的領導人身上看到了一項共通點，
那就是這些公司的社長往往是拚了命，
就算犧牲自己也要守護客戶和員工。

無論能力再優秀，
當這家公司沒有願意拚命守護員工的社長，
我絕對不會放心讓自己的孩子到這樣的企業工作，
也不會想要跟這種不願守護客戶的公司合作。

我向來認為領導者除了必須具備工作能力之外，
最重要的是要有決心，
以及不顧一切也要完成任務的覺悟。

這樣的決心與覺悟，
能讓在第一線奮鬥的人放心全力拚戰，
是奠定團隊力量的重要基礎。

相反的，即使能力再優秀，
領導者若沒有守護員工的決心，
底下的員工就會人人自危，
只想著保護自己，團隊力量也會跟著潰散。

那些被稱為「老大」的人，
正是因為擁有這樣的決心。

這種決心究竟是位置造就的，
還是與生俱來的呢？
以個人的經驗來說，
我認為是位置帶來了決心。

昨天我和梅田蔦屋書店的龜井店長見面，
總覺得他的面容很有店長的樣子。

第 3 章

企劃可以創造需要

向坎城影展
學行銷

最近日本導演河瀨直美，
以電影《殯之森》拿下僅次於金棕櫚獎的評審團大獎，
事實上蔚為話題的「坎城影展」，
我四年前也在藤村的介紹下，
前往參加過一次。

我一直覺得，坎城影展和從已公開上映電影中，
選出優秀作品的奧斯卡金像獎不同，
坎城影展的設計可以說是實踐了
經濟學家凱因斯「供需決定價格」這一學說。

一如西洋電影在「電影」產業中的代表性，
電影原本就誕生於美國（發明者正是有名的愛迪生），
然而，起初只在美國國內上映，
在國外也出現電影院後，
各大電影公司就分別前往世界各國開設分公司，
在各國推出各自的電影作品，
就連獨立電影公司也開始將版權賣往國外。

問題是，各家電影公司各自賣出海外版權，
是一件效率很差的事，
對電影公司來說，版權賣得愈貴，收入就愈高，
於是從前好萊塢那群電影人就想出了一套
「不用投入太多成本，就能有效賣出電影版權」的機制。

這套機制的集大成者，正是距今六十年前，
開始於一九四六年的「坎城影展」。

這套行銷方法即是「在一段期間內，
將世界各地的電影採購人員集中到一個地方，
全力宣傳電影，讓採購者出價競爭，
藉以提高版權售價」。

在坎城令我大感驚訝的體驗之一（劇本都還沒寫好，
只決定了名稱和卡司，連電影什麼時候會拍完都不知道，
卻也有模有樣的展開推銷），是看到某部電影，
因為來自日本的電影公司為了爭取這部電影的播映權，
不斷加碼下單，版權金額每天水漲船高。

例如，
一部在日本播映版權已高達一億日圓的動作片，
隔天早上就漲到 1.2 億日圓，
到了晚上又漲到了 1.5 億日圓，
幾天之後，竟然已經開價到 3 億日圓。

包括日本電影公司在內，
世界各地的電影公司採購人員（手握預算的人），
可以和演員明星們一起住進豪華別墅（阿拉伯人持有的豪華別墅，
在這段期間出租給主辦單位，一星期的租金差不多是八百萬日圓！）
不但可以和明星共進晚餐，還可以享受遊艇上的豪華餐點，
以及每晚在沙灘帳篷裡舉行的舞會派對，
渡過極盡享樂的一個星期。

當然，坎城影展無疑是明星們放鬆的大好機會，
能夠近距離看到世界知名演員毫無形象、盡情玩樂的樣子，
也是坎城影展的一大魅力。

此外，演員們在坎城影展結束後，
還會搭上電影公司準備的豪華私人帆船前往摩納哥，
從飯店陽台上欣賞F1的「摩納哥GP」賽事。

這一切的設計，都是為了將全世界的電影採購集中到坎城。

好萊塢的電影公司，
利用電影明星吸引全世界的採購，
為了吸引電影明星前來，
又企劃了坎城影展。

順帶一提，當我穿上燕尾服，
踏上紅地毯時，
走在我前面的大明星竟然是妮可基嫚！

日本的電影採購只要以十億日圓的價格，
買下電影（日本電影版權的行情約是電影製作費的10%），
電影公司就能回收成本，
而日本的購買價格也會成為其他國家
購買電影版權時的基準。

買下版權後，除了上映時的收入，
電影公司還可透過錄影帶的版權賺錢。
在日本，這個市場正是由包括RENTRAK在內的
CCC集團所創造。

因此，不只電影，好萊塢方面為了增加收入，
也開始招待錄影帶相關業者前往坎城，
坎城影展的盛況也因此一年比一年精采，
使得現在只要提到電影就會想到奧斯卡金像獎和坎城影展，
坎城影展就這樣成長為「兩大影展」之一，
而好萊塢的電影產業也成為「美國兩大盈餘事業」之一
（另一項是航空產業）。

一如猶太人在資本主義中創造了「證券市場」，
好萊塢的電影人們，也在智財資本的內容產業領域中，
創造了一個「新市場」。

以結果來說，
人們得以透過各種媒體（電影、電視、DVD……）
享受精采的好萊塢電影內容，
而隨著好萊塢的成長，蔦屋書店也獲得了成長。

坎城影展有很多值得企劃公司學習的地方，
明年我也一定要再去「玩一玩」，
因為真的能從中學到很多。

四年前，我在去之前就拿到了參加者名冊，
到了飯店後也有免費報紙提供給賓客，
報上會刊登每天抵達的嘉賓特集，
巧妙刺激了參加者的自尊心，
這種方法真是非常厲害。

未來並非在
過去的
延長線上

上星期四中午，
與我們 T-POINT合作的一家公司
率領管理高層來公司拜訪。

這家公司是這個產業的世界龍頭！

他們一直秉持創業以來的「成功模式」，
營業規模也不斷的擴大。

然而，餐敘時我們談到的，
卻是如何改變商業模式的話題。

在那些經營實體店面的公司看來，
網路上的顧客購買行為和實體零售業的狀況完全不同。

也發現因為有「價格.com」這樣的比價網站，
不上不下的價格策略已無法存在於市場。

但是又發現，若在實體店面用網路上的售價賣東西，
實體店面就會無利可圖。

然而我認為，
「實體店面就會無利可圖」的想法，
其實正是被「過去成功模式」的思考所限制。

大家要了解，客人不是為了店面而存在，
而是店面為了客人而存在才對。

我一開始推出的唱片出租店，
若是從唱片行的角度看來，
一定難以理解這種商業模式，
然而上門的客人卻都愛不釋手，
認為這樣的店實在太難得了。

同樣的「變化」也發生在網路世界，
而且這是已經無法改變的趨勢。

因此，我對來訪的合作夥伴提出這樣的建議：
不要侷限於過去的商業模式，
要站在客人的立場思考，
並且販賣會被價格.com網站看上的商品，
若是不創造出以這種方式獲利的「嶄新商業模式」，
企業就無法存活下去。

那天，我即是企畫了、提案了
這樣的商業模式給合作夥伴。

企劃公司的工作是企劃出新的平台，
並且提出在平台上能夠賺錢的企劃，
而我今天提案的嶄新商業模式若是實現，
CCC集團就會得到報酬。

可以讓消費者開心，結盟企業獲得利潤，
CCC賺到權利金，是商業上最棒的結果。

不過，當企業擁有穩定收入與來自既定事業的利潤時，
往往很難站在消費者的立場，
要他們企劃嶄新的商業模式可說是困難重重。

所以，我最近常想，
一定要成為一個受社會所需的企劃公司才行。

企劃力的泉源

今天，我為霞關的政府官員們，
進行了一場關於理想住宅的演講。

老實說，我自己平常的生活，
並不足以讓我提出有關飲食或住宅的企畫案。

然而，企劃總是像這樣，
在毫無經驗與知識不足的狀態下產生。

無論是企劃圖書館，還是寵物店，
或是一家令人喜愛的家電行，都一樣。

因此，好幾個月前接下這個主題的演講時，
我一直覺得壓力很大。

不過，愈接近正式上場的日子，
我愈能站在聽講者的立場，
或是住宅居民的立場思考，
有時也會站在不動產業者的立場想，
現在日本需要的到底是什麼樣的住宅。

而且不管碰到誰，都會詢問對方想住在怎樣的住宅裡？
或是到處問別人現在住在什麼樣的住宅，
重新檢視自己對住宅的看法。

總之，我用盡了所有知識與能力，不斷思考新的理想住宅。

仔細想想，即使是平常就在思考住宅的專家，
對於住宅的知識雖多，一定也還有他不知道的事。
而如果不知道的地方正是問題的本質，
那麼，深入探究自己還不知道的事，不就是成功的關鍵。

就這層意義來說，
像我這樣原本不了解住宅或飲食的人，
只要拚了命的去探究，還是有可能成功。

在思考日本的未來、東京的未來，
甚至是武雄市的未來時，
我腦中不斷湧現對於住宅的想像。

今天，我將這片只有我看得見的風景，
透過演講分享給大家，獲得了眾人的讚許。

比起答應演講那時，我發現，
現在的自己顯然對日本未來的住宅看得更清楚了。

我分享的故事，
總是從這樣的體驗中誕生。

適度勉強自己，接下看似不可能順利演講的任務，
藉此提高自己的企劃力，
創業以來，我以這種方式累積了很多經驗。

今天的演講同樣也提高了我的企劃力。

從這個角度來說，企劃力的泉源，
或許在於鼓起勇氣接下原本以為辦不到的事。

先出手先獲得資源

為什麼我老是要求員工「馬上提出」
各種報告和企劃案呢？

試想，一部沒有寫入任何程式的電腦，
或是沒有存入任何檔案的電腦，
無論再怎麼提高電壓或是花上多少時間，
產出的內容依然不會改變。
人和電腦一樣，
保留再多時間寫報告或是再怎麼拚了命的思考，
提出的內容還是不會改變。
所以，我才會不管狀況如何，
要大家「馬上」提出想法。只要先提出，
就能增加擁有其他資訊的人給予建議的機會，
加上這些建議後，很可能就能做出「一流的企劃」。
可是，一般人總是為了想給人好印象，
尤其是想博得上級的好評，
堅持靠自己一個人提出好企劃。

然而，從「創造好企劃的過程」來說，
那根本只是浪費時間。
事實上，愈懂得從別人身上獲取資訊情報，
提升企劃品質的機會就愈大。
此外，對自己手頭已經有的想法與內容，
要常懷謙虛的心，
因此，我總是把自己的點子寫在紙上，
到處請教別人的意見。

長年持續這麼做下來，
無論是在紙上寫出自己的想法，或是向別人表達意見，
甚至是製作 PowerPoint的功力，也就在不知不覺中變強了。

生活提案是
提出讓人充滿活力的
生活想像

前幾天，在推廣 T-CARD業務時，
有一個人問了我這樣的問題：
「常聽很多人說到『生活提案』，
可是不是很明白那究竟是什麼，能否請你用一句話說明？」

我當場立刻這麼回答：
「提出讓人充滿活力的生活想像。」
但「生活」又是什麼？對我來說，生活就是「Life Style」。

那什麼又是「Life Style」？Life Style翻譯成日文就是「文化」。
舉例來說，所謂的江戶文化，
指的是江戶時代的人住的房子，
或是穿的衣服，
用的餐具、吃的食物……；
又或者是夫妻的相處之道等等，
總之當時人們整體的「生活樣式」構成了所謂的「江戶文化」。

現代人也各自擁有自己的生活樣式。

比方說，我有自己居住的房子，
有喜歡的汽車廠牌、裝潢風格、穿著打扮……，
而這些組合起來，就是我的風格，我的 Style。

過去貧窮的時代，人們無法擁有多樣化的生活樣式，
於是生活方式只有一種單一模式。
到了現代社會，經濟發達，
生活水準提高，生活風格也呈現多樣化，
就結果來說，就是被「細分化」了。
因此，過去的生活提案，
和今日的生活提案手法也就全然不同。
換句話說，過去那個只能透過電視及雜誌等媒體，
對多數人提出單一生活提案的時代，
已經轉變為對各種不同階層、年齡的人，
分別提出合適「Life Style」的時代。

這種趨勢也是造成現在電視和雜誌廣告收入減少的原因，
如果無法掌握每個人 Life Style的類型、方向和層次，
就無法提出被想要的生活提案。

因此，企劃必須要有 DB（資料庫），
而現在資料庫行銷研究所的毛谷村等人正在努力，
針對社會上各種人的生活樣式，
做出具有參考價值的分析基準。

我將這些想法對提問的人說明後，他不僅大力稱讚，
還直說這正是他們想追求的解決方案，
我不禁大吃一驚，因為這在我們公司，
老早已是基本的思考了。

只靠才華，
是創造不出一家店的營業額

我一直認為，企劃的本質在於讓以下四個要素彼此吻合：
一、顧客追求的價值；
二、公司收益；
三、員工成長；
四、社會貢獻。

讓顧客滿意的事，乍看之下，
好像和收益呈反比，其實並非如此，
只要做出美味的拉麵，
就會有大排長龍的客人上門。

客人雖然得排隊等待，
卻能吃到好吃的拉麵（滿足顧客追求的價值），
而店家只要持續賣拉麵給大排長龍的客人，
最後一定會獲利。
所謂利益的泉源「在客人身上」，
大概就是這麼一回事。

看到客人大排長龍，
努力思考如何更快端上拉麵的員工就會有所成長。
但如果是一家門可羅雀的拉麵店，
店員閒著沒事可做，就會錯失成長的機會。
因此，企劃的真髓就在於創造（企劃出）讓顧客滿意開心的事。

我沒有特殊才華，
只是一個勁兒的站在顧客的立場，
努力揣摩顧客的心情。
不斷找尋顧客想要的東西，
然後創造出來，如此而已。
在企劃二子玉川蔦屋書店的案子時，
我一直在想，平日的早上會有哪些人來呢？
平日下午呢？平日傍晚呢？
或者，星期天的早上呢？
星期天的上午、星期天的下午、
星期天的晚上又是如何？
會有哪些人來呢？我不斷想像、思考著。
為了幫助自己更具體的掌握，有時我會一大早就到二子玉川，
事實上昨天晚上我才跑步到二子玉川，
在附近的住宅區四處走動散步。

繞著二子玉川散步時，
有時我會把自己當成二十幾歲的女性，
有時則會揣摩大學生的心情，
有時也會以上了年紀的女性心情來回走看。

散步途中，我會一邊想像，
顧客對新開的店有什麼期待？
或是目前企劃的內容，
有哪些地方是對顧客很有吸引力的？
一邊想著這些，一邊來回的走。
總之，不斷的以年輕女性的心情、學生的心情、
年長女性的心情，各個不同角度思索著各種可能。

簡單來說就是，
一家店到底讓人想去，還是不想去？
又或者說，人們會經過哪條路？
眼中會看到哪些風景？
會想走進蔦屋書店嗎？
還是提不起這個勁？
只要事前將這些要素全部放進去思考，
開幕之後，無論結果如何，
不僅不會慌亂無措，
也一定能獲得顧客好評。

總之，一家店的營業額，是靠努力創造出來的，
因為光靠才華，是創造不出一家店的營業額。

企劃案不是思考來的，
是用經驗和信念煉成的

前幾天出版社採訪我，
問我如何企劃出一個案子，
我分享了我跑步到二子玉川的事。

我表示開江坂店那時，
我經常從枚方騎腳踏車去江坂，
他們問我為何如此。

我告訴他們，

與其開車去，不如實際一步一腳印，

和路上行人擦身而過，看看生意好的店裡客人的表情，

或是思考完全無人上門的店為什麼生意不好？

這樣會更有幫助。再說得更詳細一點，

我會把每天在會議上或信件往來中獲得的資訊情報和企劃內容，

一邊實際對照街景，

一邊在腦中設想企劃實現後的場景。

用這種方式讓資訊情報變得具體可見，

或是使看到的景色轉化為可用的資訊情報。

不僅讓企劃內容更加具體，

有時甚至連數字都能夠精準掌握。

我靠的不是能力，而是努力。

拿到的資訊情報充其量也就只是資訊情報，

如何努力讓資訊情報昇華為企劃內容，

這才是企劃的重點。

然而這一點也不難，是每個人都能做到的。

採訪我的人頻頻點頭稱是，

其實我更想將這些話告訴公司裡的年輕設計師。

企劃不是從思考中誕生，

而是從經驗中產生的感覺、心情，

以及來自新的資訊，

更重要的是從自己執著的信念中煉成的，

這是我今天所體悟的事。

看清工作裡的森林、
樹木和葉子

明明處於忙得一點空閒也沒有的狀態，
我卻將在今晚十點多，搭上法航，
從羽田機場出發，前往義大利。

人在製做東西時，
首先會看到一座森林，
接著看到一棵樹，
然後看到一片樹葉，
最後會連葉子上的灰塵都看得一清二楚。

所以我聽過一個比喻，
有人問正在砌磚牆蓋教堂的工匠：
「你在做什麼？」

A工匠回答：「砌磚牆。」

B工匠回答：「為了蓋教堂，所以正在砌磚牆。」

C工匠則回答：
「為了蓋一間帶來世界和平的教堂，所以正在砌磚牆。」

外表看起來都一樣，
都是工匠在砌磚牆，
然而，每個工匠的想法卻都不一樣。

同樣的，在打造一家店時，
如果搞不清楚自己「是為了什麼」，
那就無法做出一家好店。

我因為對二子玉川店的籌備工作
參與到相當深入的細節，
會不由自主的注意到葉子上的灰塵。

這種時候，不管有多忙，
都會要自己離開工作現場。
這次去義大利也是一樣，
一方面想再次懷著顧客的心情去感受世界的變化，
一方面希望重新檢視即將開在二子玉川的蔦屋書店，
在形象概念和目標設定上是否都夠好。

我想去義大利的釀酒廠品嚐美味的葡萄酒，
讓自己靜下心來好好思考。

這麼說起來，這週末沒時間去 ASO 咖啡，
坐在露天座位上靜心思考了。

不是用固定方法，
而是用盡一切的方法

去向客戶推銷業務前，
我會先請社長室的石倉同事
幫我做好一份提案準備用的「原案」。

如果是第一次接觸的客戶，
或是已經預備提出企劃案時，
我會先用腦力激盪的方式把關鍵字告訴石倉，
如果只是一般例行公事的提案，
即使什麼都不說，石倉也會幫我做好基本資料。

若這個原案的基礎打得夠好，
我就會請他將 PowerPoint 每一頁都印下來給我，
然後站在客戶的立場看這份資料，
請他刪除多餘的部分，
把不容易理解的地方修改為容易理解的內容。

最重要的是，
拿到大致完成的提案資料後，
我會先閉上眼睛，
重新回想這次最想傳達給案主的主題是什麼，
把自己完全當成客戶，懷著客戶的心情，
再次檢視這份資料是以什麼方式傳達內容。

接著，再一邊想像客戶最容易有反應的
簡報流程與提案時間，
一邊做最後的調整。

專注想像各個細節，
客戶可能會在哪個段落提出什麼問題？
哪個段落中間需要安排一下休息時間？
雖然還沒見面，但我幾乎可以事先想見彼此對話的情形，
答案也就在與客戶見面前就已然浮現。

然後一次又一次翻閱做好的 PowerPoint 頁面，
把客戶的心情與可能注意到的問題點，
從自己腦中拉出來。

記住這些的感覺，當實際站到客戶面前時，
就能夠完全掌握對方的心情。

由於談話內容和 PowerPoint 的內容已經完全牢記在我腦中，
點擊滑鼠，下一頁將出現何種內容，
在什麼情形下該說什麼話，
不用刻意去記也能自然應對，
大腦只是用來專注的觀察對方如何接收我的提案。

不僅客戶不甚明白時，
我一眼就看得出來，
就連客戶覺得提案內容「好厲害」，
我也一樣輕易感受得到。

也因此，下一步該說什麼也會清晰浮現，
讓簡報自然而然引人入勝，
直到提案時間結束。

所以我的提案，
不光只是說明 PowerPoint的內容，
而是專注在如何完美的
將想對客戶表達的訊息表達出來。
我不是用固定的方法，
而是用盡一切方法，讓提案成功。

如果公司裡的每個人，
都能用這樣的方式提案，
那我們一定可以成為一家非常厲害的公司。

事實上，這一點也不難，
只要有心想做，人人都一定做得到。

不用說，也一定可以成為「世界上最棒的企劃公司」。

走出會議室思考

記得取得代官山的建物後，
在思考該做什麼的那段時間，
我總先把自己當成客人，
和我的個人健身教練一起繞著那棟建築物慢跑，
而且每個星期都去，但不固定是在星期幾，
時段也經常改變。

人在散步或慢跑時，
腦中很容易想出新點子，
這是某位腦科學家經過實驗得出的結果，
還曾在電視上發表過。

的確，與其在會議室裡思考，
不如看著店鋪地點的建築物思考，
想像力會更豐富。
尤其是在住宅區中慢跑，
或是看著競爭對手時，
腦中的想像和創意更容易描繪成型。

就這樣有一天，我開始請慢跑教練
幫我用手機記下臨時想到的點子，
然後寄到我的電腦裡。
一陣子之後，
我乾脆請他用手機的相機，
將我喜歡的景色或店鋪也拍下來。

昨天我們去了二子玉川慢跑，
我請他拍下各種照片寄到我的信箱。
昨天的主題是，
「二子玉川的週末風景是攜子同遊」。

我就將電腦裡的這些信件當成企畫時的基本資料，
然後附上自己想到的新創意或想法，
寄給相關人士，或是請社長室的成員，
用這些手機拍下的照片做成 PPT，
做為企劃書的素材來使用。
一星期下來，寄到電腦裡的郵件就有將近一百封，
這些郵件就成了我企劃時的創意來源。

而這就是我不為人知的企劃手法。

有時，甚至連部落格的內容都是在慢跑時靈光一現，
邊跑邊請教練用手機寫下來的，
真是有趣。

只有夢想，夢想是無法實現的

對於蔦屋書店這個事業，
我會經常不厭其煩的嘮叨一件事。

那就是，在開一家新店時，
一定要從辦公室開始設計。

賣場因為是做生意的地方，
就算我什麼都不說，大家也會拚命布置好賣場。

而且，施工進度往往都會延遲，
到了搬運商品入庫、修正施工細節，
忙得不可開交之時還得同時布置賣場。

此時若是走進辦公室，
就會看到滿地的商品、單據、掃除用具和施工留下的垃圾，
混亂到連站的地方都沒有。

因為有過好幾次這樣的經驗，
所以後來不管做什麼，我都會先從辦公室開始布置，
而且為了方便開幕當天來幫忙的人做事，
每天的進度表和組織圖我都會請人隨時貼在辦公室裡。

開店時需要的掃除用具、電話、影印機和文具，
都要配合開店時的使用狀態，從一開始就在辦公室內布置好，
打理好大家方便工作的環境。

公司的辦公室也一樣，無論是影印紙，
還是文具用品，都要放在清楚好找的地方，
並且決定每樣東西的負責人，
以打造出方便大家工作的辦公室。

一家企劃公司的辦公室，
一定要能讓大家自然留心要用的書籍和雜誌都有「固定的位置」，
每個櫃子、架子都要有負責管理的人，
讓大家能神清氣爽的工作。
而像這樣提高全體員工行動力的工作，
是只有領導者才能做的事。

實際執行工作的雖是員工，
但決定目標和分配職務卻是領導者應負的責任。

如果不能像這樣做好最低限度的準備，
打造一個令人安心舒適工作的環境，
大家工作起來心裡就會不痛快。
在希望員工做更多事之前，
領導者必須先把自己該做的事做好，
否則就無法打動員工，激發大家做事的意願。

我一直認為，
只有夢想，夢想是無法實現的。

需求是可以創造的

今天，在一家公司的社長就任慶祝酒會上，
和這位代表日本經濟發展的企業家站著聊了好一會。

他感嘆的說：「我在最壞的時期當上了社長！」
我問他：「為什麼這麼說？」

他說，因為接下來十年，
全世界都將陷入不景氣。

原因是大家都不斷在世界各地開工廠、展店，
加上 IT革命和電子商務的普及，
在在都強化了市場上的「供給」，
然而「需求」卻沒有一起追上來。
也就是說，產品過剩、店鋪過剩，
營業額卻始終無法成長的狀況未來將會更加嚴重。

更糟糕的是，
現在日本的大企業營業額大多依賴海外市場，
就算國內市場做得再好，整體業績也不見得會有起色。

由於 CCC集團的營收幾乎來自日本國內，
就這層意義而言，可以說不太受全球不景氣的影響。
雖然世界日益嚴重的貧富不均和內容免費的趨勢，
多多少少影響了整個經濟發展，
但創業至今我一直強調的「生活提案」並不是強調供給的事業，
而是藉由生活提案創造出新的需求。

也就是創造大家想要的住宅，
想過的生活，想去的地方，
甚至是讓小孩騎電動腳踏車等等，
我們所創造的是一種對生活的「Wants」。

換句話說，我們的工作是創造「需求」。

這或許就是為什麼現在有那麼多地方
提出開設蔦屋書店和 T-SITE的需求。

在世界將持續陷入不景氣的這十年裡，
今後或許得靠「生活提案」撐過去才行了，
和這位社長寶貴的談話後，不禁讓我深有此感。

對抗先入為主的觀念

由於一直想著若是可以在咖啡店裡免費看書多好，
於是做出了 BOOK & CAFE。然而，當初剛開店時，
誰也想不到書店裡的書可以帶進咖啡店，邊喝邊看，
但這現在在代官山已經成了理所當然的事了。

今天早上湘南 T-SITE開幕，我去了店裡的星巴克。
打造這裡的人自以為顧客都會把書帶進星巴克裡看，
然而，湘南的顧客多半都沒有這樣的經驗，
自然不會有誰想到要把書帶進星巴克，
所以一場改變客人習慣的戰鬥才正要展開。

雖然我們將湘南 BOOK & CAFE的營業時間，
定在早上七點開始，
只是湘南的顧客誰也不會想到書店會在早上七點開門，
今天早上也是，一直到了十點才總算開始有客人上門，
所以一場和「書店都是十點開門」對抗的戰鬥也正要展開。

許多人都有「公司就應該這樣」、
「工作就應該那樣」先入為主的觀念，
但這卻會阻礙我們成為全世界最好的人才和公司。
創新是與先入為主的觀念對抗的戰鬥，
是創造全新常識的工作，
看著新開的店，我不禁這麼想。

不要等資源到手
才要開始思考

上星期有兩個一年一度的活動，
一個是蔦屋書店的加盟主檢討會（TOC）；
一個是 T-POINT的結盟代理店檢討會。

我總是要負責的同仁，
會議一結束，除了反省之外，
當天就要立刻做好明年同一場活動的企劃。

原因是，實際參加一天的活動後，
不但親眼看到客戶的反應，
當下一定產生了各種反省的想法和創意的發想。

今年犯下的失誤，明年就不要再重蹈覆轍，
今年做得好的地方，明年就要再升級，
像這樣各種創意及具體行動一定會在會後自然浮現。

如果說企劃是資訊情報組合而成的產物，
在獲得最多資訊情報活動的當天，
想好明年的企劃一定會有很好的成果。
而且，與其過了一年再來思考該做什麼才好，
當下就思考該做的事，更能提高企劃的品質。

我每次都會在會議結束後，
立刻讀完所有人的感想文，
再將自己注意到的事打入 EXCEL 檔案，加以分類，
統整成明年的企劃內容。

明天，我將在蔦屋書店的會議上，
和大家一起腦力激盪明年的 TOC企劃，
分享彼此記錄下來的新發現和注意到的問題，
讓明年的企劃精采可期。

真正的 BOOK&CAFÉ

儘管是平日，但是今天早上，
代官山 T-SITE還是充滿了人潮。
一個原本完全沒有人會經過的地方，
現在獲得了新的生命，成為新的商業區。
代官山蔦屋書店已經開了三年，
若有競爭對手開始分析這裡，
想做出超越這裡的事，說起來也是理所當然。

BOOK & CAFÉ是我揣摩顧客心情所創造出來的空間，
那時心想如果能在景色漂亮的咖啡店裡，
一邊喝咖啡，一邊看書，一定很不錯。

如果只想著做什麼事來賺錢，
看到 BOOK & CAFE吸引人潮的盛況，
就學著開一樣的店，那不過是模仿表面皮毛。

勇於創新的人遇到挑戰，
會願意重新從客人的角度出發，
思考能不能創造更有溫度、更美好的空間，然後著手改善，

而只是模仿表面的公司，遇到不順利時，
往往只會一味的想為什麼不順利？
為什麼不賺錢？不找出改善的方法。
「只要有執著的信念，就能打開一條道路。」
這句話雖是老生常談，但一個只想模仿別人賺錢的人，
肯定開拓不了任何道路。

店是為了顧客而存在，賺錢只不過是結果，
在代官山的咖啡店裡喝著咖啡，
我想起了前人的這句教誨。

企劃可以創造需要

未來要做的生意

我曾在某一場論壇上，
以「心的未來狀態」為題，展開對談。

關於未來，我是這麼想的。

無論如何，未來都是人所創造出來的，
所以不會有偏離人的本質的未來。
而人是由大腦、心和身體所組成，
未來，身體可以透過 iPS細胞這類生物技術，
拓展肉體的可能性。至於大腦，
電腦及 Google這類超越人腦的東西也已問世，
人類的智能也正展開爆炸性的成長。
但人類一切問題的根源在心，
有什麼方法能拓展心的機能？

最近我在想，
負起這方面重擔的，
或許正是「提倡生活風格」的我們。
若說大腦思考的是自身的事，
心則是為他人著想，
擴大「利他之心」就是我們的任務。

日本文化中的「待客之道」，正是利他之心的具體表現，
日本的和食與建築，也幾乎都是以利他為前提。

就這層意義來說，這或許也是為什麼
現在全世界都喜歡上日本的生活風格。
對全世界提倡這種生活風格，
說不定正是我們未來的工作。

企劃可以創造需要

被拒絕是因為
提出的想法不夠有價值

最近有幾個足以左右公司命運的大案子正在同時進行。

昨天，其中兩個案子的客戶做出了回覆，
其中一家公司的回覆是「那就拜託貴公司了」，
但另外一家公司則婉拒了合作。

雖然這些回覆大大影響在第一線工作的同仁，
但我心中的想法卻是：
客戶的回應其實不是客戶自己做出的回應，
而是我們種種行動的結果，
導致客戶做出這樣的回應。
換個立場想，如果是好東西，客戶一定會想要，
如果不要，就表示那是客戶不需要的東西。
努力推廣業務當然很重要，
但追根究柢，問題在於，
我們的「提案（企劃）」對對方來說不具價值。

今天，代官山一大早就開始下雨，
可是中午雨停之後，立刻湧來了大批人潮，
代官山蔦屋書店位在交通如此不方便的地方，
更別說今天還是個下雨天，
卻仍有這麼多客人願意上門，
這就表示，這裡終究有吸引人上門的「價值」，
而原因絕不只是商品促銷或方便的地理位置。

對客戶企業的提案也一樣，
無論多貴，無論多難，
只要對客戶企業而言具有「價值」，
就能讓客戶做出「很棒，一起合作吧」的回覆。
之所以被拒絕，
是因為我們的提案不具備足夠的價值。

所以，我們只能更努力做出有價值的東西。

要正面看待客戶婉拒的回覆，
然後更努力的提出更好的構想，
並且，抱著總有一天會聽見
「那就拜託貴公司了」的夢想。

企劃一個
有藝術氣息的生活

我一直想打造一家「全世界最美的」藝術書店。

會讓我這麼想是基於這樣的渴望：
若是世界上存在的所有東西都是藝術品。

還有一個原因是，
做為一個提倡生活風格的企業，
我也希望 CCC 集團能成為日本最懂藝術的企業，
這也是我為什麼投資《美術手帖》這本雜誌的原因。

事實上，CCC（Culture Convenience Club）裡的「Culture」，
就是「文化」。
而文化在字典裡的意思是「生活樣式」，
也就是生活風格、Life Style。

現在日本的食物、動漫等文化，
正受到全世界的矚目，
面對觀光人數驚人的成長，
我們其實應該投入更多心力鑽研日本文化才是。

舉例來說，在日本人的食衣住行中，
提到住，讓人印象最深刻的就是神社、佛寺，
特別是像桂離宮和它的茶室都是舉世聞名的建築，
而日本的建築師也正受到全世界矚目。

我想像的藝術書店，
是將建築視為一種藝術，
書店中必須網羅所有重要建築師的著作。
比方說隈研吾先生的書，
至今已經出版不下一百本，
他在中國也正大受矚目，
但卻還沒有一間書店將隈研吾所有著作收集齊全。

不只是隈研吾，
我希望能將所有日本知名建築師的書都收集齊全。

法蘭克‧蓋瑞 (Frank Gehry)、赫爾佐格＆德梅隆 (Herzog & De Meuron)、
法蘭克‧洛伊‧萊特 (Frank Lloyd Wright)及科比意 (Le Corbusier)，
我希望這些建築師的書都能完整呈現在書店中，
讓大家都能看到建築的藝術之美。

又例如，日本刀早已被視為一種藝術，
但日本的菜刀卻仍只被視為烹飪用具，
而我也想將菜刀當成一種藝術來介紹，
而且不光只是關於藝術的書，
還要實際銷售藝術作品。

所以我也開始經營藝廊事業。

簡單來說，我希望更廣義的解釋
幾年前所推出的「ART IN THE OFFICE」。
而且從明年起我們也將成立
像前幾天舉行的「T-VENTURE PROGRAM」
這類支持日本年輕藝術家的藝術獎項。

總之，不管是任何方式，
為了實現「所見之物皆藝術」的生活，
我希望 CCC 集團能以企劃公司的角色做出貢獻。

不做能賺錢、
卻無法讓顧客開心的公司

企劃公司的工作，
就是企劃出世上還不存在的東西，
讓企劃成為真實存在的事物。

三十二年前，世界上還沒有蔦屋書店，
四年前，代官山也沒有蔦屋書店，
世界上存在的一切都是經過一番企劃與驗證的過程，
才成為真實存在的事物，
汽車是如此，電腦是如此，智慧型手機也是如此。

CCC集團做為一家企劃公司所提出的企劃，
必須符合以下「四大條件」，否則不能做為企劃出售。
這件事我一直不斷告訴負責規劃店鋪的同仁，
說到嘴巴都痠了。

這四個條件分別是，
第一，「對顧客而言具有價值」，
也就是這個企劃必須受到顧客的支持。

第二，讓有錢的人想要買下這個企劃，
達到「獲利」的目的，
也就是這必須是「賺錢的企劃」。

第三，透過實現這個企劃，
所有人都能因此「獲得成長」，
換句話說，這個企畫能讓公司人才濟濟，成為世界第一。

第四，在這個企劃的推動下，能讓社會變得更好，
也就是這個企畫具有「社會貢獻」的意義。

只有符合這四個條件的企劃才是我們要做的。
只是能賺錢、卻無法讓顧客開心的，
或是讓公司業績呈現赤字的，
甚至是店面賺錢，卻讓店員疲憊不堪的，
我們都不做。

要實現這互相矛盾的四個條件，
絕非簡單的事。

但也正因為如此，
有能力做到這些的「優秀企劃人才」才會如此寶貴，
能培育人才的企劃公司也才有存在的必要。

我剛創業時，許多理念雖然還未清楚成型，
但已有「要成為世界一流企劃公司」的念頭。

只是如果沒有中間經歷三十二年的試煉與過程，
現在我也無法將這個念頭表達得如此具體。

唯有強烈的執念，
才能讓企劃具體成型

企劃必須符合四個條件，
昨天已經寫過了。

而在整理企劃案的內容時，
我也會提醒自己必須做到兩件事。

第一是在商品尚未成型前的企劃階段，
要能用一個詞彙來說明想法，
也就是要有明確的「Concept」，簡單說就是「概念」。

為了讓概念有具體的樣子，
我通常會用「功能」和「形象」來展現。

比方說，腦中浮現一個新杯子的創意時，
要知道這個杯子在「功能」上，能裝幾毫升的液體？
摸起來的觸感如何？使用的原料是什麼？
也就是在設計上必須決定好它的「形象」。
像這樣用功能和形象來表現事物，
原本無形的概念就會具體成型。
而在對人傳達概念時，
為了讓對方更容易理解，
我常常會用「5W1H」來呈現概念。

比方說，
到什麼時候為止、
在什麼地方、
由誰來做、
做出什麼東西、
想怎麼做，
把這些都規定好，
如此一來，就能加深相關人士對這個企劃的理解，
概念也將化為更具體的形狀。

追根究柢，並不是先有形狀再從中生出概念。
「如果有這種店好像不錯」、
「如果有這樣的東西或那樣的服務該有多好」、
「要是能有這種系統就好了」、
「要是能有這樣的公司就好了」……，
當人們這樣起心動念時，
便從中產生了概念。

而要將這些概念化為具體形狀，
最重要的是「執著」，
如果沒有執著，遭遇各種問題時，
就會無法突破。

唯有強烈的執念才能讓企劃具體成型，
沒有執念的人，就算再有錢，
擁有再多部屬或是再多經驗，
也絕對創造不出好的企劃。

這與年齡完全無關，
我希望有更多年輕人願意挑戰。

我在上一個公司，
被任命進行輕井澤大型商業設施的企劃案時，
是我才剛進公司第二年春天的事。

賣一種幸福

把自己當成客人，抱著客人的心情，
想像自己最想去什麼樣的地方，
我在企劃代官山的蔦屋書店時，
每星期都會在 ASO 的露天咖啡廳
一邊這樣想像著，一邊寫企劃書，
漸漸的，我發現了從 ASO 咖啡廳走過的人群樣貌。

首先，有很多帶著寵物散步的人穿梭於此，
有看似富裕的年長者，也有年輕的女性，
還有許多開著高級外國車的人駐足於此，
一邊喝著咖啡，一邊欣賞自己停在路邊的車，
更有許多推著嬰兒車經過的年輕媽媽。

於是我試著想像養寵物的人的生活，
他們每天都得為寵物清理環境、餵食三餐，
養狗的人還得遛狗。
剛開始飼養寵物時，或許會覺得遛狗很有趣，
然而時間久了，遇到自己疲倦或忙碌時，
遛狗便成了一種壓力。
因此，我心想是否能將這段痛苦的時間，
轉變為「每天期待的幸福時光」，
讓遛狗成為一件開心的事。
若有個地方能讓同樣養寵物的飼主們聊天，
或是有寵物店能幫忙他們照看寵物，
可能會是個不錯的點子。
後來代官山 T-SITE 便成了遛狗人的聖地，
在這裡經常可以看見各種不同品種的狗兒。

實現了這麼樣一個場所後，
T-SITE 裡咖啡店的位置不夠坐了，
餐廳和寵物美容變得很難預約。
為了讓更多人能享受來這裡的樂趣，
我開始著手增加席位，開發預約系統，
規劃出讓客人享受等待時間的各種生活提案。
因為代官山 T-SITE 裡的餐廳很受歡迎，
在沒有事先預約的狀況下前往，
通常得等上一小時才有位子。

不過，現在客人來這家 IVY PLACE預約後，
可以不用留在現場排隊，
就能一邊等，一邊自由享受 T-SITE裡的各種設施。

企劃人如果可以像這樣不斷思考，
我相信只要能讓一個客人沉浸在幸福中，
就有可能讓更多人感到幸福，
久而久之也讓整個社會充滿愉悅，
當商店成為愉悅之所，整座城市也將成為快樂之城。

與其去想怎麼改造地方，
不如思考如何讓每個人獲得幸福，
這樣不僅能打造愉快的社會，
在商業上還能獲利賺錢。
想出這類企劃的人都有一張柔美的菩薩臉，
絕對不是沒有原因的。

「生活提案」是
對食衣住行的全面想像

前幾天，
某位藝術家邀請我和幾位友人去他「家」，
說是想招待我們吃他親手做的料理，
於是，星期六晚上七點，
我就和公司藝術部門的山下君一起赴約。

那晚我領悟到了一些事。

上星期，在某個會議中，
有位同仁跟我說明即將在輕井澤舉行的「生活提案合宿營」，
其中會針對藝術、飲食、汽車各個領域分別開討論會。

但我心想，大家在看汽車雜誌時，一定也會看到手錶廣告，
男性時尚雜誌也常會介紹可以開車前往的溫泉地，
雖然這些內容乍看之下都和時尚穿搭無關。

所以，舉辦合宿營時，
應該也不需按照領域分門別類開會。
我認為，就算是汽車的企劃，
飲食部門或藝術部門的人也可以一起加入，
汽車部門的人當然也可以參與藝術的話題，
因為未來汽車也將被視為一種藝術品。

在飲食的領域，餐具原本就是藝術品，
料理講究擺盤和裝飾，
也早已不是一天、兩天的事。

在我還是個大學生的年代，
衣服只有防寒的功能，
但當時濱野安宏先生就說了：
「今後，所有的衣服都將經過設計，成為時尚產物。」
同樣的道理，今後「一切生活用品都將成為藝術品」。

換句話說，藝術的定義將從過去
只有畫作或雕像才被視為藝術品的時代，
進入將住的建築、穿的衣服、搭乘的汽車、
飲食使用的餐具和家具，都視為藝術品的時代。

因此，飲食和藝術早已不可分開看待，
汽車和藝術也不可視為毫無關聯的兩件事。

我和山下君一起造訪那位藝術家的宅邸，
那空間不只展示著這位藝術家創作的藝術品，
所到所見皆是藝術，
從燈光、擺設到他親自設計的家具，
目光所至都是藝術。

不僅如此，就連當天招待我們的料理，
也全都是出自這位藝術家的雙手。
從食材的採買，到呈現賓客眼前的烹調動作、
桌上的餐具、擺盤……，
在他手中無一不藝術。

聚會從晚上七點開始，
但到最後的咖啡上桌時，已是深夜十二點。

長達五小時的款待，
包括對話在內，沒有一絲空隙，
近乎一個完整的「藝術作品」。

幫我設計代官山的住家和輕井澤別墅的池貝小姐，
在我房子完成後要宴客時，
為了幫我實現心中的種種想法，
不但為我介紹外燴餐廳，
還介紹了一位女性花道家給我，
甚至在我宴客當天，
還派她設計事務所的女同事前來幫忙。

對她來說，
設計的工作絕非在完成設計後就結束。

我想說的是，所謂「生活提案」不該區分領域，
而是透過整體食衣住行，對生活風格進行全面的想像。

我們在代官山提倡的是高質感的日常生活，
在梅田提倡的是一種工作方式，
未來也會持續提出「有藝術的生活」、
「品味汽車的生活」等各種的生活提案。

無論是哪一種，
所謂的生活提案，
不是坐著思考這個好、那個不好，
而是提出自己覺得優質的，
或是已經體驗過箇中好處，
很想對別人說「這個很不錯」的東西。

星期六那天，
藝術家的款待讓我感受到人生美好的時光，
在池貝小姐為我設計的空間中過生活，
也讓我體驗到人生至高無上的享受。

最近，和一些大企業社長見面時，
常聽他們說公司裡很難看到這樣的提案，
希望委託我們企劃，
事實上，我們的體驗和資訊也還不夠多。
我認為如果要做生活提案這一行，
就必須提出讓對方覺得「這個很不錯」，
成為業界的頂尖才行。

最近我常帶著這樣的想法渡過週末時光，
努力找尋令人覺得「很有趣」「很厲害」的東西。

有今天是因為
有過去的種種白費與失敗

現在回想起來,
至今真是做過許多徒勞無功的事。

舉例來說,
有個外國富豪委託我們設計待客賓館,
事情都快談成了,最後對方還是沒有委託我們。

在推廣 T-CARD 業務時,
我也會先針對各行各業中最優秀的企業或領域,
進行徹底的市場調查,
但即使如此,最後可能還是無法順利簽約,
又或是想提案豪華露營式的生活風格,
做了徹底的市場調查最後仍徒勞無功……,
總之,做了許多看似做白工的事。

然而,拜當時認為沒有用處的經驗、時間和花費所賜,
每個人都增加了專業,打好了穩固的基礎,
日後遇到艱難的任務也有能力去完成。

在被拒絕的當下，只能嘆兩口氣，
轉換心情再次努力。
現在回想起來，我才發現，
當時雖然還不夠成熟，
但認真面對每一項工作的態度，
現在都成了公司無形的資產。

努力工作不只是為了賺錢，
也為了自己的願景，以及實現某個理想，
無論最後是否失敗或是簽下合約，
做過的事都絕對不會白費工夫。

今天，和一位很厲害的公司社長談話時，
我想起了令人懷念的當時。

風景不是用眼睛看，
而要用心看

人好似是用眼睛看風景，
但其實不是用眼睛看，而是用頭腦看。

人好似是用舌頭品嚐味道，
但其實不是用舌頭品嚐，而是用眼睛品嚐。

人好似是用耳朵聽人說話，
但其實不是用耳朵聽，而是用腦袋聽。

換句話說，即使看的是同一片風景，
看到的風景也會因人而異，
雖然明明是同一片風景。

人會不由自主的在風景裡找尋意義。

對你有意義的風景才會留在記憶中，
沒有意義，就不會留下記憶。

因此，即使看的是同一片風景，
每個人看風景的方式也不同。
因為每個人的興趣不同、對問題的著眼點不同，
先入為主的觀念也不同，從風景中看到的「意義」自然也不同。

料理也一樣，
記憶中吃過某種美味的料理，
下次看到同樣料理時，就會感覺到美味，
光看就覺得好像很好吃。
又或者，看到熟悉的咖啡店時，
就會覺得店裡的咖啡喝起來倍覺美味，
這就是為什麼我說，人其實是用眼睛品嚐味道。

同樣的，對於未來，
即使擁有相同的資訊和情報，
每個人所描繪出的未來也各有不同。

最近我和許多不同公司合作，
每家公司對未來的創造力都不盡相同，
常常讓我深感訝異。

我發現即使擁有相同的資訊和情報，
能發揮創意描繪未來的經營者和企業卻很少。

大家總是站在過去的延長線上描繪未來，
因此，愈是奮力想找出，描繪出的未來就愈無趣。

而完全不懂的外行人所描繪的未來，
乍看之下似乎很有意思，
卻也無法湧現任何具體的事物。

只有少部分的人能清楚描繪出令人感動的未來圖像，
拿得出走到未來的途徑和方法。

我不由得思考，兩者之間的差異是什麼？

我在優秀的創作人或企業家身上看出了某種共通性，
那就是，不執著拘泥於自己的思考，
總是樂意傾聽別人的意見，
並且隨時保持把不懂的事弄清楚的態度。

不是「做出自己滿意接受的東西」，
而是要努力創造出對顧客或企業有價值的提案。

只要具備這樣的態度，
就能看到不同的風景，
也能做出美味的料理，
當然，還有美好的未來。

成為共享經濟的一員

今天早上十一點，在公司九樓的 CAFE，
我和全球最大的住宅共享企業 Airbnb創辦人——
喬‧傑比亞（Joe Gebbia）兩人一起出席記者會。

晚上，還在和客人聚餐時，就接到朋友的電話：
「CCC又去踩地雷啦？不過，這很像 CCC會做的事呢。」
朋友這麼告訴我。

我知道公司內部也有疑慮的聲音，
為什麼在這個時間點做這件事？
等法律修訂好再做不是比較好嗎？
儘管也有這樣的意見，我還是刻意選在這個時機發表，
因為，這是「CCC會做的事」。

由於住宅共享是現在最受矚目的服務，
加上 Airbnb的創辦人和我都親臨這場記者會，
公司九樓的記者會場來了許多媒體記者。

我在記者會上傳遞的訊息很簡單，
日本現在正進入人口減少的階段，
在這樣的狀況下，企業要有所成長是很困難的事，
但是另一方面，日本料理和富士山
這些代表日本文化的事物正受到全世界的好評，
海外湧入的觀光客人數也已經成長到驚人的數字，
然而，飯店和旅館的數量並未隨之增加，
不只訪日旅客，連日本人本身都受到影響，大感不便。

我在記者會上也提到，進入高齡化社會後，
空屋率不斷提高已成為嚴重的社會問題，
若是能像京都的民宅町家那樣，
以訪日觀光客為對象，好好整頓裝修，
對屋主來說不只可以有新的收入來源，
對鄰近的居民，無論在景觀上或治安上也都有好處。

Airbnb創始於二〇〇七年，
那年舊金山正在舉辦美國工業設計社群大會，
住在同一間公寓的喬‧傑比亞和布萊恩‧切斯基（Brian Chesky），
看到許多前來參加盛會的人都苦於無房可住，
於是在網路上刊登廣告，出租自己的房間，
據說他們到現在還和最初的三位客房保持良好的關係。

現在，Airbnb在全球已有兩百萬間的房間登錄，
超過八千萬人使用過這項服務，
並且成長為世界最大的共享住宅企業。
二〇一四年巴西舉辦世界盃足球賽時，
造訪巴西的五十萬外國人當中，
就有十萬人是利用 Airbnb 訂房，
Airbnb也是里約奧運的官方贊助商。
這樣的 Airbnb 在日本的登錄房數卻只有 3.5萬間，
在全球兩百萬間的數量上，僅僅只占了 1.75%。
知道 Airbnb的日本人也只有總人口數的 15.9%，
住過 Airbnb房間的人更只有 1.6%！

Airbnb的商業模式不只是單純的「出租房間」，
而在於屋主款待房客的心，
創造「屋主與房客之間溝通」的機會，
他們和在日本造成社會問題的民宿在商業概念上並不相同，
而許多人卻普遍將 Airbnb與只出租房間的民宿混為一談。

只要屋主懷有款待房客的心，
房客就不可能造成附近鄰居的困擾。

所以，我希望能讓大家對 Airbnb有正確的理解，
增加來日的觀光客人數，促進日本的經濟成長，
這也是我和 Airbnb合作，並選在此時發表的原因。

希望大力推行「日本式的住宅共享」。

至於法規，住宅共享是近年新興的一種服務，
在制定旅館業法的六十八年前，還沒有這樣的服務型態。

因此，現有的法律自然無法適用這種新型態的服務，
目前雖然只能照現行的法規行事，
但日後一定會產生適用於這項服務的新法。

我一直覺得 Airbnb和蔦屋書店有很多共通點。

蔦屋書店是以「生活提案」起家，
現在已成為人們心目中的「大型出租連鎖店」。
三十三年前剛創業時，民眾對唱片還只有「買來聽」的概念，
提倡「用出租的方式和更多人分享」的蔦屋書店，
或許可以說是日本共享經濟的先驅。

聽說喬・傑比亞在創辦 Airbnb服務前，
曾經嘗試開書店，不過最後以失敗收場，
幾經苦思，才創造出 Airbnb的商業模式，
我則是從三十三年前的一家書店開始，一路走到今天。

今天這場記者會，讓我感到人生一種奇妙的緣份。

靈魂藏在細節中

製作商品、販售、推銷、
籌備資金、培育人才、
簽訂合約、打造品牌形象……，

人的工作有各種不同的層次。

有第一線的現場工作；
有辦公室內勤的工作；
也有經營管理的工作。

經營管理的人一旦判斷失誤，
不管第一線的人工作多努力，也得不到回報。

舉例來說，
無論做出多麼出色的商品，
一旦找錯銷售夥伴，東西就賣不出去，
塑造出錯誤的商品形象，顧客也不會想買。

若是開店的地點不佳，或是誤判網路策略也一樣，
不管商品再好，服務再棒，還是會賣不出去。

換句話說，
戰略的失誤無法靠戰術扳回。

另一方面，
即使做出再優秀的經營計畫，
擬定再厲害的經營戰略，或是擁有再豐厚的資金，
敷衍了事做出的商品和服務同樣也賣不出去，
而且還會失去顧客的信賴。

今天同仁請我到即將成立的柏之葉 T-SITE檢視現場，
負責其他計畫的同仁也抱著學習的想法，
一同搭巴士到現場了解。

這個地點是地產開發商在看了代官山的 T-SITE之後，
提出想在此做同樣商場的案子。

我請來設計代官山 T-SITE的 Klein Dytham Architecture事務所，
負責規劃設計此案，朝明年開幕為目標。

這個地點和當初代官山 T-SITE一樣，
是個完全沒有人會造訪的地方，
離最近的車站也有五百公尺遠。

所以，如果不打造成一個讓人真心想來的地方，
絕對不會有客人上門。

不過，做過 T-SITE相關工作的同仁，
或許因為有過成功的經驗，
就陷入了「只要做就會有客人來」的錯覺中。

大家不要搞錯，不是做了客人就會來，
是「做了什麼，客人才一定會來」，
因為來了不會有損失，不！是讓人覺得不來才是一種損失，
必須要做到這種程度的企劃才行。

今天，團隊成員向我說明企劃內容時，
我的感覺是，這個企劃離獲得客人支持的情況還很遠。

尤其是在團隊成員描繪的想像中，
我看不到以一公分為單位的細密描摹，令我感到相當不安。

拿到設計師畫好的平面圖，
就認為這裡將成為一個美好的空間，
這樣的人一定無法打造出好賣場。

發自內心的待客之道，
四處奔走只為給客人端上最好的料理，
唯有像這樣拿出別的地方沒有的款待，
人家才會願意一次又一次的上門。

想做出令人覺得不來是一種損失的企劃，
就必須以一公分為單位細細堆砌，
否則就無法打造出令人想專程前來的空間。

Quality of life in a day.

OD MARKET 10:00~21:00

同時，我也請地產開發商配合，
計畫將當地原有的調節池打造為中央公園那樣的場地，
而現在正如火如荼的展開，
讓這裡成為一個
讓人想帶孩子和寵物前來散步玩耍的地方。

從鄰近的公寓大樓看過來，T-SITE景色絕佳，
離車站雖然很遠，
但離國道十六號線只有兩百七十公尺，
可以打造出一個可停超過五百輛汽車的停車場。

周遭的環境明明得天獨厚，
企劃內容卻還不夠充實。

幸好夏天才剛開始，現在正是關鍵時刻。

和大家這麼聊著時，
巴士已帶著我們回到東京辦公室了。
我由衷期盼，每個人都能在工作中注入心意與堅持，
在每個細節裡展現令人驚艷的靈魂。

滿足三種客人
有方法

經營代官山蔦屋書店這幾年來，
我對日本的顧客有了一些了解。

有人說日本高達一千五百兆日圓的個人資產中，
有七成是六十歲以上的人所擁有。

勞動人口中，將近七成（大約是三千六百萬人）的人，
年收入不到四百萬日圓。

在我還是學生的一九七〇年到一九九〇年，
也就是經濟泡沫化的二十年當中，
日本曾經被認為「全民皆為中產階級」，
但如今已不存在。

姑且不論好壞，
媒體口中的「落差社會」確實已經形成，
因此，身為一家企劃公司，或說身為一個企劃人，
不能再像從前那樣只用單一的方式解釋顧客。

我年輕的時候，
日本人心目中真正的富人固然只有極少數，
但高度經濟成長仍然造就了許多億萬富翁。

當時，日本高級名牌店林立，
高級進口車展示中心和高級住宅區也一一出現。

我和兒子去家裡附近的燒肉店吃飯，
一個人就要價將近一萬日圓，
但前幾天去的 Denny's 連鎖餐廳，
一個人花費卻不到兩千日圓。

在發展成熟的日本，想要推銷企劃，
就必須隨時站在價值觀與生活風格皆不相同的顧客立場
評價事物才行。

智慧型手機這項商品，雖然有很多年輕人愛用，
但六十歲以上的高齡者卻很難用得習慣。
最近蔚為話題的手機結帳系統，
儘管看起來方便，
對沒有錢或不太花錢的年輕人來說，
手機主要還是用來下載免費的應用程式，
很少看到有人真的使用手機來結帳。

相反的，經常花錢買東西的團塊世代（超過六十歲的顧客），
比起智慧型手機，更習慣用信用卡結帳，
也很難看到他們使用手機結帳。

我一直認為現在的日本，有「三位」客人，
一位是擁有資產的團塊世代，
一位是他們的兒子和孫子，
另一位是占勞動人口三分之二、年收入低於四百萬的顧客。

日本已經是，
若要讓熱賣商品同時受三種客層歡迎，
必須花費一番工夫的成熟市場。

正因如此，我深切的感受到
企劃公司所扮演的角色比過去重要許多。

第 4 章

———

堅持自我價值

信用是從小地方累積而來的

「喝井水時，是否會感謝掘井人的辛勞？」
這是今天早上我在報紙上看到的專欄內容。
專欄上說，從這一點就能看出人性，
而且多數人都只會討論水好不好喝。

在 CCC集團工作的人，
其實已在不知不覺中被 CCC的信用庇蔭著。
但什麼是 CCC的信用呢？例如，對合作的客戶來說，
CCC是一家「絕對會按照合約付錢的公司」，
既是上市公司，也不做違法的事，
不會弄錯金額，不會遲延付款，更不會到了該付款時才莫名殺價，
擁有這些不用特別強調的信用，
對顧客而言這就是「與 CCC合作」的價值所在，
因此，CCC在交易時不會受到任何懷疑，
也不用特地交代財務狀況。

但我最近憂慮的是，
這樣的信用並非本來就有的東西，
而是由許多人在過去建立起來的，
因此，我很期許大家：
「可以利用這份信用，但也要建立新的信用。」

例如，大家要對到公司拜訪的人注意該有的禮節，
許多不動產公司都是看在 CCC的信用和蔦屋書店的展店實力，
才會介紹各地的物件給我們。各項娛樂產品的製造商，
也是對蔦屋書店的販售實力有所期待，
才會帶各種作品與我們結盟，
系統公司的人也介紹了許多新技術給第一線的同仁。

這些都不是理所當然，
我希望各位要去思考：「為什麼CCC能吸引人來？
並且要怎樣才能吸引更多人加入？」

「站在對方的立場，不做對對方不利的事；
盡可能滿足對方的要求」，
這是我一直以來秉持的工作態度。

比方說，
如果不動產公司介紹店鋪給我，
我會盡可能早日回覆，
判斷不可行的時候也會寫清楚拒絕的原因。
如果做了市場調查，也會把調查的結果提供給對方參考，
讓對方覺得和CCC合作是一件值得的事。

為什麼必須如此？
因為CCC集團並非一開始就擁有這些信賴，
都是從這些小地方一點一滴累積出現有的支持者。

今天上午開了IT會議，
下午則是經營企劃的同仁提出中期計畫簡報，
因為秋天前必須確定策略，
所以不斷和大家討論，交換意見，
只是，會議長達六小時，實在是有點累人（笑）。

夢想的力量

今天開始的一星期，
蔦屋書店商品部的菅沼部長
將和我一起去參加 NEO（次世代經營者育成計畫）。

菅沼部長一九九四年進公司（第十屆），
涉谷蔦屋書店在一九九九年 12月 31日開幕，
他是這個計畫的成員之一，從計畫開始的一九九七年起，
什麼都沒做的跟在我身邊玩了兩年。

我之所以指定菅沼加入涉谷蔦屋書店計畫，
是因為希望他在過程中學習「如何實現想做、但做不到的事」。
涉谷蔦屋書店的所在地位於堪稱日本時代廣場的絕佳位置，
是一棟包括地下兩層和地上八層在內的建築，以一般常識來說，
當時的 CCC 根本「無法實現」這個計畫。

從前的我也和菅沼部長一樣，
在鈴屋的工作中學會「如何實現想做、但做不到的事」，
也和菅沼一樣，有兩年時間我什麼也沒做，
一直待在青山 Bell Commons的企劃團隊內。
當時我只是個剛畢業的學生，
號稱做的是「生活提案」的工作，
卻根本不懂該提案什麼樣的生活。
鈴屋有許多優秀的前輩員工，
把「販售女性服飾」的工作做得非常出色，
但也正因如此，反而受到束縛。

長期浸淫在服裝事業的鈴屋員工，
突然被要求做「生活提案」的工作，
對他們來說或許太難了。
然而，當時剛畢業的我雖然對生活提案一竅不通，
但讓像我這樣的外行人去玩玩看，就某種意義來說，
或許正是一種「學習」，讓我認識什麼是「值得提案的生活」。

菅沼剛進公司時，CCC集團和蔦屋書店，
雖然也都是以「生活提案」做為公司目標，
但實際上還是一家經營出租生意、
光是賺錢還貸款就拚了老命的公司。

正如剛進鈴屋時的我，
當時的 CCC，誰也無法帶著菅沼做中學，
只能把他丟在一邊，於是，
我讓他和我一起加入澀谷蔦屋書店的企劃團隊，
以培育他成為獨當一面的「生活提案」人才。
拜此之賜，現在他已是蔦屋書店的採購主管，
為蔦屋書店的許多顧客提出各種特色的生活風格。

這週末，我受邀參加了
CCC人才公司社長高橋譽則在赤坂舉行的婚禮。

以前，幾乎每個員工結婚都會邀我出席婚禮，
若是希望我當介紹人，我也都樂於為之，
所以還不到四十歲時，我就已經是十組新人的介紹人。
然而，當員工超過三百人時，
想出席所有員工的婚禮，實際上極為不可能，
而有的出席，有的不出席又不太公平，
所以從某個時期開始，我就不再出席任何員工的婚禮了，
但我還是出席了祕書能村君和社長室西田君的婚禮，
按照這個標準，譽則君也是我的直屬部下，
於是也參加了他的婚禮。

身為婚宴上的主賓，我在致詞時提到了
我在這場婚禮上感受到的「組合力」與「夢想力」。

大家應該都知道我這麼說的用意吧？
譽則君對「CCC未來的目標及人事策略」有他獨到精準的眼光，
可是在「小事和實務執行」上，似乎就有點迷糊，
但他的太太（原本是CCC的第十三屆員工），
卻是一位非常腳踏實地、實事求是的人。
這樣的兩人結為夫妻，同心協力，
不但能夠互補，還能激發彼此的長處，
堪稱是「最佳拍檔」。

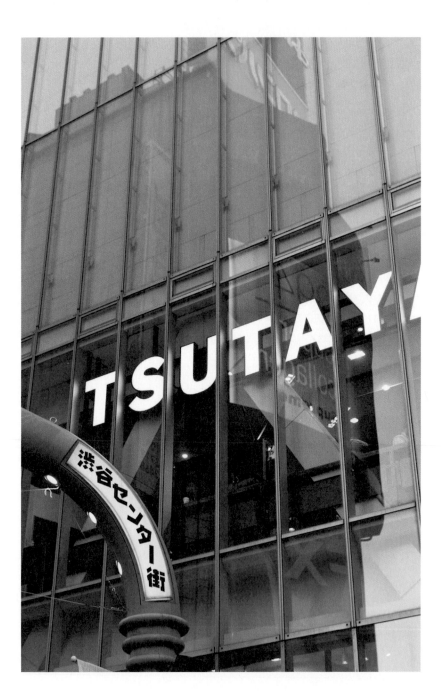

我和譽則君相遇於二〇〇二年，
當時我是蔦屋書店事業的總部長，
在第一線掌握蔦屋書店與各分店、加盟店之間的關係，
致力建立蔦屋書店的新價值，
打造出「新時代的蔦屋書店」。
譽則君的工作則是調整原本以師徒制為主的業務組織，
只是沒有人事相關經驗的他，
卻跑來跟我說「想做人事管理的工作」。

幾年後的譽則君成了集團旗下六十五家公司、
三千五百位員工的人事最高負責人。
從他身上，我深刻感受到「夢想的力量」，
CCC集團正是在這樣的夢想力下不斷前進，
這也是「夢想力」的意義所在。

我一直相信「只有夢想值得實現」，
每個人都有不同的夢想，
而 CCC就是實現夢想的人聚集的地方。

成為動手做事的人

今天九點到十一點，
我參加了第九十一次 CISC的 IT會議，
其中一個討論主題是，
「YGP（惠比壽花園廣場）二十一樓的電腦室改善提案」。

CCC集團核心的數據資料，
原本放在大阪一所防護萬全的數據中心保管，
但十三年前總公司從大阪遷移到東京後，
公司 IT基礎建設的開發和營運，
就改以在 YGP二十一樓設置伺服器，處理各種電腦資料。
比方說，進行了以前沒有的電子郵件基礎建設、
工作流程管理系統和彙總會計系統等等，
並分別設置了集團內各公司用的伺服器。
YGP原本的用途是辦公室，
以一個數據中心來說設備不夠完整，
因此有同仁表示若從危機管理的層面來看，
有必要遷移到更妥善的地方，
於是有了這次的會議提案。

聽了這次的報告，
我想起和幾個知名大企業社長一起出國時的「情景」。
當時，大家一起搭乘飯店電梯，
電梯門關上後，誰也沒有按下要前往的樓層，
每個人都站著不動，導致電梯門再度打開時，還是在一樓。
這是因為大企業的社長平常搭電梯時，都會有人幫忙按電梯，
每個人都以為有誰會去按，結果誰也都沒按。

我也想起，微軟還未發展成現在這麼大的公司時，
我曾到美國微軟工廠參觀，當時看到一個令我印象深刻的情景。

記得微軟工廠光是一層樓就占地五千坪，
在裡面工作的幾乎都是年輕的南美女性，
工廠打掃得很乾淨，每個角落都一塵不染，於是我問：
「為什麼能保持得這麼乾淨？」帶我參觀的微軟人員說：
「請仔細看看地板。」我照著對方說的往地上一看，
發現五千坪的地板上隱約可見淡淡的棋盤格線，
每一格的右上角都貼上一張姓名標籤。

坐電梯時，如果每個人都以為「自己不用按」，
那麼公司就算有再多人，電梯也不會動。
相對的，廣達五千坪的地板，只要清楚規定好每個人負責的區塊，
在人類行為心理的作用下，大家都會確實負起責任，
用自己的時間去打掃，使得「再大片的地板，
也能保持得乾淨清潔」。
今天，我想起這件讓我佩服的事。

這對一個龐大集團從事大規模工作時，
是一種很好的管理提示，
所以會議中，我迅速做出指示，要求同仁明確決定，
並公布惠比壽二十一樓電腦室的管理負責人。

會議上另外一個議題是關於五年前開發、
明年即將結束付費的「集團會計系統重建案」。
會計同仁說明目前將暫定請專家共同參與此案，
預計在明年三月前討論出集團未來該制定什麼樣的會計系統，
我也在會議上同意了相關經費的申請。

若要讓CCC集團成為世上最好的企劃公司，
就必須有這些新的IT基礎建設。
聽完同仁報告，得知了大家的思考後，
我有預感，CCC一定可以成為世上最好的企劃公司，
想到此真是令人振奮。

不忘工作的本質

一九八三年，蔦屋書店剛成立時，
我規定員工上班只要穿自己的牛仔褲，
戴上公司製作的名牌和發給每個人的白色 Converse球鞋，
就可以了。

名牌是為了讓客人記住員工的姓名，
牛仔褲和球鞋則是為了方便大家工作。

成立企劃公司後我也沒有規定大家必須穿制服，
或是穿西裝打領帶來上班。
這是因為我認為企劃的工作必須四處奔波，
到處調查競爭對手的店面，
站在顧客的角度蒐集情報（以客人的身分造訪各種店家），
而制服卻會阻礙這些工作的進行。

穿制服通常是為了提高工作效率，
但對重視個人「自主性」的企畫工作來說，
制服違背了企畫的工作內涵。

在蔦屋書店展店超過三百家後，
我體悟了許多事。

比方說，在相同的環境條件下，
店鋪效率最好的坪數、會員數和營收潛力，
通常會產生相似的結果。

因此許多公司會根據這些數值，
分別為不同環境條件制定出一套「標準值」，
在幾年裡整理出一份數據，
然後就以這套成功案例做為展店基準。

然而，所謂的標準值只是最適合那個時代的數字，
並非是永恆不變的成功方程式，
而大家卻產生了永遠必勝的錯覺。

企劃基本上是為了客戶而量身打造的，
客戶的環境改變了，企劃就得跟著改變才行。

幾年前建立的「新時代蔦屋書店」的展店模式和訴求，
也到了該思考如何改變的時刻。
我們永遠都要去理解客戶，不斷提出新企劃，
這才是「企劃公司」應有的姿態。

公司股票上市了，股價也順利成長，
盈收更是每年創新高，
辦公室也搬到更氣派的地方，
然而，做為一家企劃公司的使命卻是不變的。

身為企劃人，直到現在，
我仍經常四處視察競爭對手的店鋪和各地的蔦屋書店，
走訪客戶常去的愛店和話題的名店，
在咖啡店裡寫下一份又一份的企劃書。
這也是為什麼即使已經五十八歲，
我現在還是穿著牛仔褲和球鞋穿梭街頭。

敵人勢力雖大，
但志氣絕不退讓

「這位是蔦屋書店的社長。」

這是十二月二十一日，
六天前我去醫院探望住院的鶴田先生時，
他對照顧他的護士小姐介紹我時說的話，
對我來說，這是鶴田先生的最後一句話。

第一次見到鶴田先生是二十五年前，
那時日販商品開發部還位於飯田橋，
當時日販的部長正是鶴田先生。

前去找他是因為 CCC 集團在關西的加盟店
和日販合作的書店對打了。

鶴田先生說他當時很納悶：
「為什麼蔦屋書店的客人這麼多，
和日販合作的書店卻沒什麼客人上門呢？」

於是，鶴田先生決定直接聯繫 CCC 集團，
我們就在日販位於飯田橋的辦公室見面了。

記得那時日販商品開發部的辦公室裡堆滿了商品，
我們兩人還是坐在「走廊上的椅子」談話的。
我和鶴田先生聊到未來書店該有的樣子，
以及錄影帶和書本必須扮演的角色等等。

那時我很坦白的告訴他，
市場太大，光靠CCC集團能力有限，
希望能和日販攜手合作，
鶴田先生一聽立刻就說：「那就一起做吧！」

沒記錯的話，
隔天我們就立刻約在御茶水的雷諾瓦咖啡廳，
或是某家咖啡店見面。

一見面，鶴田先生就拿出用鉛筆
寫在廣告傳單背面半邊空白處的業務合作草約，
然後說：「另一半草約增田你來寫」。

回到大阪後，我就用打字機打完另一半草約，
帶到東京給他，他看完立刻說：「我馬上回去用印」，
很快就把蓋好印章的合約帶過來給我。

沒有爾虞我詐的細節，也沒有任何談判交涉。

在確定業務合作後，
他邀請我在日販的「客戶懇談會」上發表演說，
並一起前往日販各地的分公司拜訪。

當時在日販內部還不是那麼有名的鶴田先生，
努力將分公司的人聚集到餐廳和辦公室，
聽我這個說著關西腔的年輕人說話。

當時，日販各分公司的客戶清一色都是書店，
在聽了我和日販商品開發部的說明後，
都自然知道一旦改為複合式書店，

擴增錄影帶賣場，就會排擠書籍的銷售，
產生退書的情況，導致分公司收入減少。

然而，鶴田先生完全理解錄影帶的本質，
不斷告訴大家：「錄影帶和書一樣，
只不過是一種嶄新的媒體，
不要在意書籍銷售量的減少，
只要是能讓客人高興，
又能增加書店收入的事，就應該徹底去做。」
說著說著，他又和 MPD 經銷公司社長吉川先生，
以及當年商品開發部的同仁舉辦研習營，
讓所有人一起討論該怎麼做才能開發新市場。
鶴田先生就這樣費盡苦心，讓剛成立的小公司 CCC
和日販這家大公司建立起合作關係。

認識鶴田先生時，
他的這句話一直在我心中留下深刻的印象：

「商品開發部的工作，就是不斷拒絕別人。」

每天都會有許多人帶著各種新商品推薦給商品開發部，
可是，不可能把那些提案全部放在店頭販售，
也因此，拒絕就成了他的工作。

鶴田先生凡事以顧客和合作的書店為優先考量，
不斷思考怎麼做才是對雙方最好的策略，
絕不接受退而求其次的做法。

他也總是想著該怎麼做才能交棒給下一個人，
我也常找他商量CCC的人事問題，
在人事管理上，鶴田先生給了我很多寶貴的意見。

熱愛登山，從沒到過醫院的鶴田先生，
總是說退休以後要與我一起遊山玩水，
沒想到他竟然先離開了這個世界。

他是個「孤高的人」。

不畏權力、不趨炎附勢，
鶴田先生教我的，與其說是如何工作，
不如說是如何活得像個男人。這一路走來，
我總是以他的生存之道和工作方式做為標竿。

「敵人勢力雖大，
但志氣絕不退讓。」

在公司和市場擴大的過程中，
鶴田先生曾送給我這句話。

鶴田先生說過的話，
給過的恩澤、回憶與生存之道，將永遠留在我心中。
就這個意義來說，鶴田先生將永遠與我同在，
我要連他的份一起努力，為這個世界盡心，
和他的日販同仁、各地加盟企業主，
以及受他照顧的 CCC 夥伴一起努力。

衷心祈禱他在天之靈得以安息。

讓別人
想主動與你一起工作，
才是真自由

我在蔦屋書店加盟店的研討會上說了一些想法，
主要是關於蔦屋書店事業中 FC 總部與加盟企業間的關係。
我發現經營狀況良好的加盟店，
往往懂得善加利用 CCC 集團的資源，
讓人覺得有問題的加盟店多半都很「依賴」總部，
也因此總是忽略店裡出現的各種問題，
一味對總部提出各種要求。

我在會議上表示，
總部和加盟企業的經營是各自獨立，
無論加盟企業賺了多少錢，
CCC 也不會要求比權利金更多的金額，
同樣的，CCC 若是經營不善，
也不會要求加盟企業主提供資金。
雙方都是獨立的經營個體，
應該互相善用彼此創造的價值與扮演的角色，
建立共存共榮的關係。
如果無法抱定這樣的決心，
就無法真正成為以顧客為中心的企業，
也看不到員工和股東真正的需求。

每個人都該認清自己扮演的角色，
負起判斷的責任，如果沒有做好這個準備，
和我一起工作的人最後就會把責任全部丟給我，
放棄自己應盡的責任。
我們的工作是創造嶄新的企劃，
借助許多人的力量讓企劃具體落實，
也唯有各種才華的人一起發揮團隊精神才有可能實現，
而當我們能讓才華出眾的人想跟我們一起工作，
並且能一起實現企劃時，才擁有真正的「自由」。

我們和加盟店的關係也一樣，
就這層意義來說，
自由必須是基於自立的條件才行。

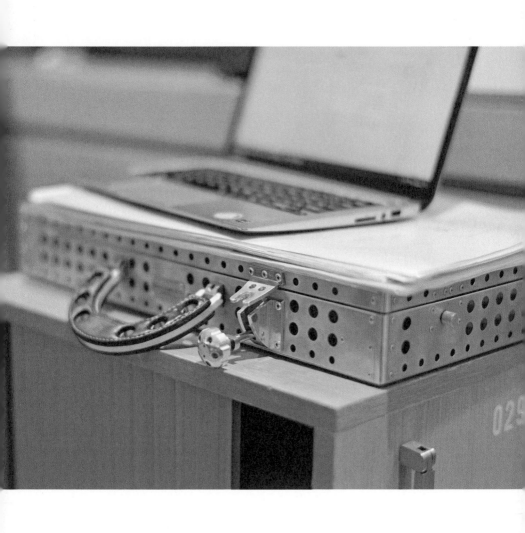

自由來自
你所建立的信任

CCC創立以來最重視的價值除了「承諾與感謝」，
就是「自由」。對我來說，
自由是做自己想做的事，
且能在想收手的時候收手。

此外，自由是見到想見的人，
做想做的工作。

然而，高興怎麼打扮就怎麼打扮；
或是什麼都不做，只領薪水，
這不叫自由。

前天晚上，一位音樂人來到青葉台的迎賓館，
儘管他已經很累了，
還是和菅沼他們熱鬧了一整晚，
我聽熊谷說才知道，
原來前一天再度舉辦了 TSUTA ROCK音樂祭，
氣氛非常熱烈。

昨天一大早，我前往某知名不動產公司，
應其社長與其他高層的委託提出大型商業區的企劃案，
下午則去向開始合作的另一家公司社長打招呼。

之後，和最近聯名進行各種企劃的
超知名海外家電廠商的日本社長開會討論新企劃案的內容，
再接著，又去向新加入 T-CARD的企業最近上任的社長打招呼。

到了傍晚則是年度例行公事，
和武田及財務部的同仁一起與證券公司餐敘。
一天下來見了這麼多人，說了這麼多話，
塞得滿滿的行事曆，雖然很辛苦，
但收穫也很大。

那位家電廠商的社長，
是我從以前就很想見的人，
沒想到現在不但見了面，
還有機會一起工作。驚訝的同時，
也感嘆起能做自己真正想做的事，
這樣的「自由」有多大。

這樣的「自由」，來自背後的努力。
那是遵守對既有顧客的承諾，
絕不遺忘別人對我們的照顧，
正因堅持這些說來像是理所當然的事，
才能擁有這樣的自由。
真正的「自由」與「信賴」，
正是對看似理所當然的事付出堅持與努力，
才得以成立的東西。
不知道在 CCC工作的員工們，
有多少人懂得這個道理？

自我要求有多高，
成果就有多大

某天，我在電視上看到古巴某個城市裡的風景，
就我的感覺來說，那是個絕對稱不上乾淨漂亮的街角，
然而在古巴，人們卻認為那是個美好的地方。

以前，我去義大利拿波里時，
街上完全沒有便利商店，
我問路人，沒有便利商店不會不方便嗎？
他們因為從未接觸過有便利商店的生活，
自然不會覺得不方便，
這讓我想起麥拉倫汽車的工廠。

麥拉倫汽車是製造 F1 賽車的知名車廠，
在他們的工廠裡，即使絲質襯衫掉在地上，
也不會沾染一粒塵埃，
這就是工廠的清掃標準。
為什麼要做到這個地步呢？因為他們認為，
工廠是製造賽車的地方，絕對不能有一點灰塵。

相反的，生活在古巴那個城市裡的人，
因為從前生活在比現在更不衛生的地方，
就會覺得現在的街景令他們覺得很幸福。
說到底，每個人認為的美醜與清潔各有不同的基準。

在朝「成為世上最好的企劃公司」這個目標努力時，
我對於自己提案用的資料，
會做到連投影片的亮度、焦距和音效大小，
都仔細講究的地步。因為，
我想做的是「世上最好的提案簡報」。

可是，沒有這種想法的人又是如何？

這樣的人儘管被我提醒過，還是不明白，
為何只因投影片亮度不夠、焦距不準就被指責，
而且下次還會犯一樣的錯。
說到底，所謂的基準決定於每個人、
每個團隊心中設定的目標和要求。
我認為，這也正是一家公司的價值所在。

遇見未知，才能成長

多數人都有上進心，

日本人也很喜歡努力，

只是，日本人還缺乏如何讓自己成長的方法和策略。

然而，就算我們多麼的努力，

還是會有無法了解的事物。

努力吸收知識，知識就變成自己的東西，

不去了解未知的事，就永遠不會知道。

我現在擁有的人脈，開始時也都是不認識的人，

幾乎沒有一種人脈是只靠自己就行的，

不是認識的人介紹，

就是在宴會上相遇而相識。

換句話說，

人脈是無法光靠自己的努力建立的東西。

這星期一我參加了慶祝某位人物上任的派對，

在那裡，透過友人的介紹，

認識了一些國會議員與知名人士。

此外，星期二參加某上市公司的董事會，
我還受聘擔任了其他好幾家上市公司與
非上市公司的外部董事。

不是自己以社長身分經營公司，
而是完全站在「公司外」的立場參與經營。
身為一位身負重任的董事，
本該對公司的成長和業績做出貢獻才是，
但我從中學習到的事物卻更多。

事實上，
擔任外部董事是我接觸完全未知事物的好機會。

如果只考慮如何達成自家公司的任務，
擔任其他公司的外部董事，
或是參加其他社長的就任派對這些事，
乍看之下都是徒勞無功的事。

然而，
那卻是「認識未知事物」最好的方法，

幫助我獲得達成工作目標時，
所需要的各種資訊情報。

如果沒有遇見未知數，
我和公司都不會成長。

若要成為世上最好的企劃公司或人才，
「別只待在公司裡，要走進世界」，
這是我在工作中一直力行不斷的事。

能力是挑戰出來的

什麼是「遇見工作上的未知數」？

對新進員工來說，
在 CCC工作所遇到的一切都是未知數。

公司規範、業務體驗、店面待客服務、
指導工讀生、訂購商品、管理庫存、
出席會議、製作報告書、連結資料庫、寫企劃案、
填寫出勤表等等，對新進員工來說都是新的學習。

不過，
即使現在每天都會遇見未知事，
一個月後，所有的事也會漸漸成為已知的事。

遇見未知數總會有終點，
然而在習慣之後，有人會逐漸產生怠慢之心，
有人卻會變得想要知道更多事，
對更多未知的事產生興趣。

拿我個人經驗來說，
年輕時，我一直以為自己擅長企劃，
認為自己不擅長經營管理的工作。

怎料某次，
公司交給我經營管理的工作，
我才意外發現，自己其實頗有領導能力。

基於這樣的經驗，
為了讓員工體驗各項工作，
我擴展了各種不同的事業。
因為我知道趁年輕時嘗試挑戰社長的工作，
是成為有能者的最佳捷徑，
所以我在早期就將現有的事業細分化了。

在公司裡經手各種不同工作，
遇見各種不同的人，
可以說都是遇見未知數。
為了讓每個員工遇見更多的未知數，
我將 CCC 打造為企劃各種不同事業的公司。

一家能挑戰這麼多未知經驗的公司，
就能在選擇工作時擁有更大的自由。

我希望盡可能讓每位員工在公司裡
吸收到成為世上最優秀企劃人所需的經驗。
希望大家在這裡工作，
能不斷的「與未知數相遇」，
創造豐富而精采的人生。

當然，要靠沒做過的工作獲取薪水，
是非常辛苦的事，經常伴隨著痛苦，
但只要想想拳擊手得經過多少嚴苛的練習，
才得以一嚐勝利的美酒，
那我們的這些辛苦就算不了什麼了吧？

成事在心

所謂的整理，就是把不需要的東西丟掉。

如果不需要的資料和不需要的書混在裡面時，
不僅無法立刻找出需要的資訊情報，
還會讓辦公室顯得雜亂，
工作起來不愉快。

然而，這道理明明大家都懂，
也是理所當然的事，
但不知為何實際執行起來就是困難重重。

何以如此呢？
這是因為有些破破爛爛的信件和雜誌，
乍看之下以為是垃圾，
對公司來說卻是寶貴的資料，
對某些人而言，這些信件甚至是寶物。

因此，收拾辦公室的工作，

不論是對工讀生或是一般員工來說，都很困難。

因為無法判斷東西重要的程度。

所以，整理整頓時，
公司領導人也要一起做才行。

問題是，一般公司多半將整理的工作交給最資淺的人去做，
結果不是重要的東西不小心被丟了，
讓丟東西的人因此被責怪，使得大家都不開心，
要不然就是收拾的不徹底。

整理是有方法的。

要能整理到需要什麼時馬上就能拿出來，
這道理大家都明白，
但問題是，如果不清楚需要的資訊範圍，
就不知道該將那些資訊歸納在一起，
也就不知道該從何整理起。

於是，許多公司都只是姑且讓許多人
保管著相同的資訊情報。

書籍和雜誌也一樣，
往往沒有任何的整理，只是分散在不同部門。
然而，如果不確定好誰需要什麼資訊，
決定好分類歸納的方法，
以及各種資訊的負責人，
就無法隨時拿出當下需要的資料。

在我的辦公室，訂購哪些雜誌都是決定好的，
不僅妥善放在固定的地方，每一本雜誌的管理者也都有明確規定。
若是想要讓辦公室空間乾淨清爽，
每個區塊都必須有負責的人收拾整理，
至於收拾整理的方法，就交給每個負責人自行判斷。

也因此我辦公室的每個角落都整理得很好，
需要的東西永遠能在需要的當下拿出來。

至於企劃所需的數據和資料管理，
因為還停留在暫且由某個人保管的階段，
目前正在重新規劃能隨時拿出所需資料的管理方法。

但不論如何問題的癥結都在於，
組織的領導人是否「堅持」打造出一個讓大家方便工作的環境。

有夢想就會被實現，一個方便工作的辦公室，
是否也應該包括在這個夢想之中？

別待在公司裡，
要走進世界

最近開會時，
我一開口，好像總是在生氣？

這是因為，這些會議都不是為了新企劃
而提出「還可以這麼做」的提案，
發表的人只不過是沒完沒了的報告著
「現在情況是這樣、是那樣」。

第一線的負責人也動不動就來問我：
「這麼做可以嗎？」
想取得我的許可才行動，
其實不過是想把我當做決策共犯罷了。

如果只是分享手頭的情報，
事前用電子郵件傳送就夠了。

企劃公司的會議應該是：
召集擁有各種經驗的人，
互相提出「這麼做會更好」的創意，
這才是會議該有的樣子。

所以，會議裡愈多人發表意見愈好，
報告者講話的時間愈短愈好。

上星期在二子玉川開的顧問會議也一樣，
我們將報告極力控制在最短的時間內，
並且盡可能激發出每位顧問的意見。

星期六，和一位知名公司的社長一起打高爾夫球，
之後再去湘南 T-SITE第一線巡店，
星期天，則和海外知名品牌家具店的廠商代表茶敘。

慢跑時，我又順便跑去六本木之丘，
參加我常去的百貨公司為顧客舉行的活動。

晚上雖然只在王將吃餃子，
但在那裡獲得的第一線情報，
是在公司裡絕對無法獲得的資訊。

我想到了現在公司營運的狀況，
以及負責人該具備的堅持和理念等等。

我們企劃的多半是新開發的事業，
所謂新開發的事業，
就是在新的市場上，用新的企劃推出新的商品，
並使其擴大為一個事業。
換句話說，我們如果對顧客和商品不夠熟悉，
就無法做好企劃。

因此，光是依靠在公司獲得的情報，
好企劃不可能誕生。

所以，要走進世界，不要只待在原地。

做讓人道謝的工作

賣東西有兩種思考。

一種是,商品賣不掉就活不下去,
所以業務必須拚命的把商品賣掉。

另一種是,顧客會來買商品,
是因為沒有那個商品顧客會活不下去,
又或者沒有那個商品,他們的人生就不有趣了。

以這種想法銷售商品，
結果不僅賣東西的人可以存活，顧客也開心。

生意的本質，
應該建立在這種雙贏的關係上才對。

因此，我在餐廳用餐時，
一定會對店家說聲：「謝謝招待」。

或是有人為我服務時，
比方說從計程車上下車前，
我也一定會對司機說聲「謝謝」。

從不認為自己付錢就是大爺。

然而，遇到資金周轉不靈，
或是不賣出商品就無法達成預算這些狀況時，
有些人就會忘了思考顧客的感受，
一心只想賣掉商品。

於是，不擇手段的要賣出商品，
如此一來，買下商品的顧客就不會開心，
日後也不會再回購。

CCC想賣的，是對顧客真正有用的商品。

只要顧客因此愛上 CCC，成為 CCC的粉絲，
下次就會再次光顧。

販賣商品這件事，
除了必須帶給顧客幸福之外，
同時也要能為公司創造粉絲。

只要顧客成為粉絲，
下一項商品也就容易賣出去。

所以，我一直希望自己做的是，「讓人想道謝」的工作。

只要朝這個方向努力，
公司不但能賺錢，也能培育出優秀的人才。

犧牲顧客權益的公司不會成長，
員工個人也不會成長，
所以我一直認為，顧客的一聲「謝謝」，是公司最重要的資產。

第一時間報告壞消息

常和我一起工作的員工，
總是誤會一件事。

由於他們不理解我的價值觀和工作方式，
所以很多員工一開始總是看著我的臉色做事。

這是無可奈何的事，我也不介意，
畢竟我工作的方式和價值理念，
並非一天、兩天就能掌握，
所以只要能夠慢慢理解就可以了。

然而，和我一起工作的員工最常被我罵的是，
掩飾壞消息，
或是把重要的情報抓在自己手上。

有些人會想先用自己的方式咀嚼情報，
在自己理解之前，將情報只抓在自己手中，
但這麼做，等於剝奪了別人思考的時間。

若是懂得隨時為周遭人著想，
想著怎麼做才能讓大家最容易做事，
遇到壞消息就一定會馬上報告，
好消息當然也會立刻分享。

無法做到這一點的，
都是只想到自己的人。

然而，懂得第一時間報告壞消息的人，
出乎意料的少。

結果小於原因

營業額不是想提高就能提高的，
錢也不是想賺就賺得到的。

這和打高爾夫球很像，
打高爾夫球時，
想要球飛得高，就要先把球打出去。

想要讓球飛得遠，
不放鬆緊繃的身體也無法辦到。

換句話說，結果是原因造成的，
一味追求結果，往往不會有結果。

風格是一種商機

記住客人的名字，
在客人來店時叫出對方的名字，
客人就會倍感親切，
而只要店裡有想要的東西，
就會願意掏錢購買。

打造一家令人想去的店，
自然就會有客人上門。
這些都不去做，
只是一心想提高營業額，
想著賺錢，那是不可能的事。

這麼單純的道理，
人們卻經常忘記。

腳邊有太多不必要的東西，
不去清掉那些多餘的東西，一心只想賺錢。

其實，只要清掉不必要的東西，利潤就會出現。

所以，我每天早上前往辦公室時，
都會先繞到店裡，帶著滿臉笑容，
用開朗的聲音向店裡的人打招呼。

為的是讓寒暄的對象，
一整天都能帶著愉悅的心情工作。

只有在店員懷著愉悅的心情工作時，
才能好好接待光臨店內的顧客。

必須先製造出這樣的「因」，
才能得到生意繁榮的「果」。

真正的決斷沒有答案，
也計算不出來

上上星期，公關同仁聯絡我，
說 NHK 希望找我上節目，
那時我思考了一些事。

應邀上 NHK 的節目，
確實能達到宣傳公司的效果，
然而，反過來說，
就宣傳的意義來說，
要是出了什麼差錯，
反而可能傷害公司形象，
有著影響公司和客戶聲譽的風險。

舉個例子，在澀谷八公犬銅像前展店，
因為地點好，引人矚目，
只要店經營得好，
確實能提升蔦屋書店的整體形象。

但相反的，如果店沒有經營好，
就會傷害蔦屋書店的形象。

這種時候，
到底要做，還是不要做，
是無法靠算計做出判斷的。

這種事再怎麼算，也算不出答案。

NHK會製作成什麼樣的節目，我不知道，
但這種時候只能說聲「好吧」，豁出去參加了，
勇敢的相信自己。

我從來不敷衍了事，
一路走來始終拚了命的工作，
就算我的訪問被扭曲，也是沒辦法的事。

如果訪問真的被扭曲，
蔦屋書店的加盟企業主們一定會放棄合作嗎？

我不知道，但我知道重要的是動機正不正確，
相不相信自己。
只要拚命做正確的事，
就算結果是壞的也沒辦法。

人的決斷，往往像這樣，
在做出決斷時，看的是動機正確與否，
是否誠心誠意努力，以及相不相信自己。

今天我也出席了許多會議，
公司會不會賺錢，形象能不能提升，
人才是否能夠培育……，
這些大部分都不是靠算計就能決定的事。

真正的決斷，
沒有答案，也計算不出答案。

那是一鼓作氣的世界。

這麼說起來，結婚也是如此，
端看是否相信自己。
總之，在每一天的生活中，
能否做出好的決斷，
端看自己是否相信自己。

成為被選上的人

這是以前我還自己面試社會新鮮人時所想的事。

一定有很多人認為公司的新人面試，
是由公司高層選擇想聘用的員工，
其實正好相反。

應該是剛畢業的學生在造訪各種公司後做出決定，
選擇一家能賭上自己人生的公司。

因此，面試看似是公司選擇員工，
其實是員工選擇公司。

如果不成為一家被選上的公司，
優秀的員工就不會進來，
我不希望只是抱著找份安定工作的人進到公司來。

今天，在某個計畫的會議上，
討論了要選擇哪位設計師進入公司。
的確，現在只要是 CCC集團的案子，
都會吸引很多設計師前來應徵。

有些設計師看到代官山和二子玉川的蔦屋書店，
就湧現「只要加入 CCC就能拿到好案子」的印象。

可是，
真正搶手的設計師工作通常都很忙碌，
要選擇哪個工作，
或是要跟哪個客戶合作的其實是他們。

因此，為了被他們選上，
必須做好徵稿的準備，委託的方式也得好好的琢磨。

然而，今天的會議卻只做到比較不同設計師的實力，
討論該選擇哪個設計師，
其實我們更應該做的，
是成為一個讓優秀設計師願意選擇的公司。

今天白天，我為了獲得音樂上的建議，
邀請了知名音樂人所屬經紀公司的社長、唱片公司的老闆，
以及知名音樂製作人，一同齊聚公司。

我表示想和他們討論音樂的未來，
而他們每個人都來了，
這也代表 CCC集團是他們願意選擇的對象。

如果 CCC是個沒有魅力的公司，
這種賺不了錢的會議，
誰也不會來參加。

要努力讓自己成為被選上的人，
我不禁激勵自己，並立刻寫下發自內心的感謝，
寄給今天出席的每一位與會者。

廉價的信任與無價的信任

經常聽人說自己為了獲得信任而努力，
也常看見教人怎麼做，
才會獲得信任的文章。

可是，當我們心中出現「希望受到信任」的那瞬間，
其實也透露了我們心中潛藏的私心。

信任是什麼？
我不禁思考起來。

雖然受到別人的信任，
是人生中非常重要的事，
但在為了獲得信任而努力的想法中，
如果有著將「受到信任」視為終點的私心，
被信任這件事也就不具意義了吧？

在那種廉價私心延長線上的信任，
又有什麼價值可言？

一個人真摯勤懇的生活著，
有人因為看到這樣的姿態而深受打動，
成為他的支持者，進而願意聽聽他說的話。

又或者是，願意試著完成彼此的約定，
而我想要的信任是在這種神聖延長線上的信任。

只為了自己的私心，
把別人拖下水的那種信賴關係，
真的會有力量嗎？
能夠長久維持嗎？

今天我突然思考了信任的真意。

私心將
導致成果盡失

最近公司裡常可見到這樣的情形。

無論在公司內或公司外，
在進行各種活動和店頭企劃時，
卻經常會看到主導者把情報掐在自己的手中。

多數人會因為想以最好的形式發表，
而壓到最後一刻才釋出。

舉例來說，
開會的資料或人事方面的活動介紹，
經常都是在「前一刻」才公布。
原因往往出在，
沒有站在對方的立場思考。

若是站在對方的立場思考，
就會知道對方一定想「盡早」拿到活動或企劃的介紹，
這樣才有足夠的時間思考和規劃因應方式。
但多數人正是因為缺乏這樣的體貼，
才會在「最後一刻」釋出資料。

假設推動企劃後，
在與相關人士聯絡前，還有兩星期的時間，
那麼，留給自己思考的時間，其實只需要一星期，
必須至少留給對方和自己一樣多的時間。
然而，多數人都會把兩星期都留給自己，
壓下資訊，直到當天才丟給對方。

除了缺乏對別人的體貼之外，
這也是為了讓自己的企劃或活動，
能在提案的那天有亮眼的表現，
出於這種私心的結果。

於是，周遭的人因為這種私心而失去「期限權益」，
成為時間的犧牲者。

這問題不只會發生在公司內部，
也會發生在與外部的客戶往來。

例如舉辦派對或活動時，
相較於企劃內容，更應該先決定日期，聯絡賓客，
企劃內容可以逐步思考規劃。可是，
很多人都會在企劃思考完善後才開始聯絡賓客。

結果，好不容易想出的好企劃，
卻因賓客安排了其他要事而無法參加，
導致活動優勢盡失。

明明只要盡早聯絡，就能邀請到賓客，
像這種只要早點釋出訊息就不會喪失的權益，
我稱之為「期限權益」，然而，
這種權益往往喪失在主導者的私心之下。

今天的我也和每天一樣，
思考著必須讓「顧客至上」的企業文化更根深柢固才行。

別聽顧客說什麼，
去做對顧客有利的事就對了

之前我個人控股公司的某位員工聯絡我，
說他認識的某個人想和我見面，
問我願不願意？

問了之後，才知道原來對方是，
某業界龍頭企業的一位上市公司負責人兼社長。

我心想機會正好，在回覆對方可以見面後，
也順便問了那位社長對 T-POINT有沒有興趣？
對方立即回答「完全沒有」。

據說前幾天，
我們的競爭對手才剛向他提案，
也被他拒絕了。

事情進展很順利時，
我往往提不起勁。

但狀況愈是危急，我就愈有拚勁。

也就是在提案內容被對方拒絕時，
反而會激起我的鬥志。

多數企業的社長，

在和別人面對面交談時，總是笑容以對。

因為顧慮到別人的心情，不管談話內容如何，

都不想讓對方感到不愉快。

也因此，聽到的都不會是真心話。

真心話，只有在被對方說 NO 時才聽得到。

所以我總是認為，

溝通從這時候才要正式展開，

開始思考為什麼對方會說 NO 呢？

能不能重新想出一個讓對方覺得有價值的提案呢？

只要想出具有價值的提案，

再次向對方提案，答案很可能就會是 YES。

因為那是拚命為對方想出來的企劃。

換句話說，被說 NO，遭到拒絕時，

不要放棄，而要再次為對方思考。

做為企劃公司的 CCC 想存活下去，
只有這條路可走。

不要聽對方說什麼，
要想著能為對方做什麼。

時時信守承諾，心懷感謝

創立公司以來，我始終重視承諾與感謝。

剛成立時，公司還很小，
還沒有信用可言，
誰都不願意和我們合作。
所以，為了成為一家值得合作的公司，
只要一收到請款單，我就立刻全額支付。

因為一一對照交貨單和收據再付款太花時間了，
所以我收到請款單都一律先付錢。

結果使得公司一天到晚收到超額付款的通知單。

合作的廠商若是小企業，
我們一旦拖延付款，很可能因此倒閉。

這麼一來，別說那家公司的老闆，
就連員工的生活都將無以為繼，
家人也會流離失所。

為了不讓這種事發生，
我一定盡全力在允諾的日期付款。

給員工的薪水也一樣。

若因手續上的失誤導致延遲發薪，
很可能造成員工貸款繳不出來，
或是債務無法即時還清，
使他失去個人信用，
讓他們可能無法再次貸款，
或是失去使用信用卡的資格，
對生活造成影響。

然而，公司愈來愈大以後，建立了信用，
排隊要和我們合作的公司也愈來愈多。

公司員工的工作變成發包和委託，
讓大家沒想過建立信用這回事。

然而，無論事態大小，
不遵守承諾所產生的結果都相同。

在公司內部能用「手續出錯」善後的事，
對別的公司可能是關乎存亡的嚴重問題。

只是剛好現在和我們合作的公司，
很少有經營困難或是周轉不靈的問題，
導致大家輕忽了這個問題。

信用得花長時間建立，
但失去信用卻只是一瞬間的事。

我在 NHK「專業人士」這個節目上，
最想說的是：
建立信用是努力的結果，
努力才能建立信用，
一旦失去建立信用的企業文化，
我們就沒有信用可言。

信用與公司大小無關。

重要的是在公司裡工作的人的想法，
為了讓大家理解這一點，
我才應邀接受節目的採訪。

希望今後我們永遠都是一家值得信賴的公司。

第 5 章

———

心中要有風景

成為別人心中想成為的人

上星期五我回了一趟枚方老家，
為的是參加星期六老爸的祭禮（第十七次忌日）。

十七年前的五月十七日，
老爸因為心肌梗塞，結束了六十八年的人生。
當時我正在東京和通產省開會。
會議中，通產省的人說：「有您的電話」，
接了電話才知道，老爸正在救護車送往醫院的途中，
得知消息時我腦中「一片空白」，毫不猶豫的搭上新幹線趕回枚方，
在新幹線裡，我甚至無法好好坐著，
一直站在車輛聯結處，看著窗外不斷流逝的景物。
年輕時令人恐懼的老爸、
創立蔦屋書店後一直守護著我的老爸，
各種各樣的老爸，像跑馬燈般的在我腦中流轉著，
眼淚止不住的流下。

混亂的情緒中，我想起家人，
「他們不知如何面對這個狀況？」
「老媽沒事吧？」「醫院那邊有好好聯絡了嗎？」
一方面擔心，一方面為自己在這種時候派不上用場而懊惱，
想到這我又不禁潸然淚下（此時此刻依舊很想哭）。

葬禮在當地的「枚方會館」舉行，
許多CCC的員工都來幫忙，
弔唁賓客大都是蔦屋書店的加盟企業主，人數甚至超過千人，
據說是枚方會館有史以來人數最多的祭禮，
讓我甚感安慰。

上週末想起十七年前的這段往事。
祭祀當天，早上十一點親戚們和家人陸續到來，
與超過二十位久違了的親戚見了面。

我一直覺得日本傳統的祭禮是個好習俗，
人過世後，除了守靈、喪禮、頭七、七七四十九天法事之外，
也要在週年忌、三回忌、七回忌、十三回忌，
以及第十七次忌日舉辦追思故人的祭祀法事，
而且不僅是祭祀法事，母親那邊的親戚每逢中元節與過年，
也一定會相聚於老家。

相較之下，
父親那邊的親戚屬於不拘泥制度的「自由派」，
不固定哪一天聚會。不只是祭禮法事，
婚禮或是日本其他古老的風俗，
都是讓有血緣關係的家人親戚「維繫情感」的好制度。

如果沒有這些風俗習慣，不但減少了親戚相聚的機會，
人與人之間的關係也會因此疏遠。

小時候看著親戚裡的叔伯姨舅，
常不自覺深受他們的薰陶和影響，
心中總會湧起「真想成為某某人那樣啊」，
或是「絕對不想變成誰誰誰那樣」，
在潛意識中，以親戚做為自己成長的範本。
而現在我也五十六歲了，
希望自己也能成為外甥姪子們心目中想成為的那個人，
因此經常刻意製造和他們接觸的機會，
總認為這是五十六歲的我應盡的責任。

風格是一種商機

讓盟友與你
併肩拚戰

早上八點蔦屋書店的定期例會開完後，
十點到十二點是 CCC集團的經營會議。
在這場經營會議上，不僅做出了幾個重要的決策，
也進行了非常有意義的討論，
包括「CCC集團的應有之道」，
以及如何成為一家「受人尊敬的上市公司」和
「世界第一的企劃公司」。

後來，我和事業推進室及社長室成員一起午餐，
當中談到了 MKS（Marketing Slution）集團的將來，
大家也腦力激盪了一番。

下午兩點，我又以日販董事的身分，
參加了在水道橋東京巨蛋飯店舉行的日販「懇談會」。
會議在古屋社長的致詞下展開，
之後分別由日販物流策略「王子 NEXT」的負責人與
書店 CRM系統「Honya Club」的領導人上台分享。

出席者包括許多日本知名書店的社長
（其中也看到好幾位蔦屋書店加盟企業主），
以及日本最具影響力的出版社社長，
日販談及了今後將全力發展的中期策略。休息時間後，
再由伊藤忠貿易公司前社長丹羽先生擔任演講嘉賓，
演講結束後則是聯誼會。

「日販和CCC的合作歷史」很長，
在CCC與蔦屋書店統一店名的十幾年前，
店面還不到一百家之時，
當時，CCC在關西地方結盟的店家與日販直營的店家，
幾乎同時開幕，打了對台。
然而，CCC結盟的店家顧客門庭若市，
和日販合作的書店卻見不到什麼客人。

當時日販商品開發部的鶴田部長見狀心想：
「那些書店到底是與哪家公司合作？」於是聯絡了我，
我就一個人前往位於水道橋的商品開發部和他見面。
在那裡，我和他談到「書店未來的發展（複合式經營）」、
現在蔦屋書店的經營概念（生活風格提案）、
以及「CCC要成為一家企劃公司」的願景。
鶴田先生完全理解我的想法，
並且當場就說：「和我們日販合作吧」，
於是我們隔天約好時間，在御茶水的雷諾瓦咖啡廳見面。
那時鶴田先生帶來了用鉛筆寫在夾報傳單背面的合作契約，
然後從第一條逐一開始寫起，

寫到傳單背面的一半後，他便說：
「剩下的部分由你來寫」，把這事交給我負責。
我寫完後，再由村井以當時還很罕見的文字處理機打好字，
製成正式的合約書，那份合約也一直延續到今天。

日販和CCC的合作就是從那時開始的，
而那正好是二十年前的一九八六年。

合作的主軸是，在朝向資訊共享的趨勢中，
傳播媒體將不再只有書，隨著數位媒體時代的來臨，
不只商品的供應與販售方式將被改變，
也將出現租賃或二手商品等各式各樣的供應方式，
一個更便於享受資訊的嶄新市場即將誕生，
在這樣的時代裡，CCC將提供「蔦屋書店這個企畫平台和系統」，
日販則以其擁有的「物流與資金」為CCC提供後盾，
這就是當時雙方締結的「合約基礎」。

在眾多什麼都想自己抓在手裡做的企業中，
日販公司內部當然也有同樣主張的聲音，
多虧鶴田先生說服了反對聲浪，使得雙方得以結盟，
也才會有今天的CCC集團。
日販目前持有CCC旗下物流公司NSS五一％的股票，
儘管過程迂迴曲折，總算實現了當年的約定。

在與日販的各種關係中，我向來最重視的是，
「合約的基本精神」以及「人與人的關係」。簽約後，
鶴田先生不僅將公司內所有重要的經營幹部全部介紹給我，
也和我一起前往各地重要的第一線（全國超過半數的店面），
在店面打烊後的餐廳和倉庫裡，聚集所有工作人員，
說明了今後潮流將如何演變，書店又必須如何因應，
在這當中CCC可以做什麼，日販又能做什麼。
我用粉筆在黑板上邊寫邊說明我們的理念，
整個袖子都沾滿了粉筆灰，在沒有麥克風之下，
以我所能發出的最大聲量一再複述理念，
奮力讓大家成為CCC集團的支持者。

鶴田先生為因應未來發展所訓練出的多位商品開發部早期成員，
（是個怪咖雲集的集團？）也和CCC的幹部們，
一起規劃了外宿研討會，實現了傳說中的「練馬外宿研討會」，
MPD的吉川社長就是當年參與的其中一位。
此外，我最早在日販舉辦的活動上演講，
是距今二十年前的「日販懇談會」，
現在我則已戴上「日販董事」的名牌，
出席二十年後的日販懇談會。
猶記當年我在懇談會上高談時代將從「錄影帶等於成人影帶」，
進入「錄影帶等於書」的時代，
而CCC將打造一個「沒有書的紀伊國書店」。

因為昨天喝多了，今天有些宿醉，想早點回家休息，
明天出席 IMJ集團的 KITAMURA公司董事會後，
傍晚將在迎賓館迎接某 T-POINT結盟企業的社長，
和北村一起進行提案簡報。

不先實現家人的幸福，
事業就不會成功

今天我是否從一大早就全身蒜頭味？

昨天（星期天）晚上，
我和兒子兩個人去了附近的燒肉店「敘敘苑」。
枚方的家人似乎也收到兒子的指令，
買了我喜歡的歌手「可苦可樂」的CD和樂譜，
而且為了討好我還特地跑去蔦屋書店買，
當做「父親節禮物」送我。

最近，我會在 iPod shuffle 裡裝進我會唱的歌，
讓晚上從聚餐的地方走路回家，
或是出門慢跑時，可以邊聽邊練習。
因為今年暑假計畫帶家人到夏威夷，
我猜想到 KTV 時一定會被拱唱歌，
為了事先做好準備，
於是請兒子幫我在 iPod shuffle 裡放可苦可樂的歌，
以及在藤原紀香婚禮上陣內唱的
「永遠在一起」和「櫻花」這兩首歌。

兒子出生於蔦屋書店創立的 1983 年，
他的姊姊，也就是女兒早他一年半出生，
兩人出生時，我剛辭去上班族的工作，
所以家中生活並不是很寬裕，
為了清償蔦屋書店事業的貸款，
我拚命努力的工作。
因為我向來尊敬的舅舅（家母的哥哥），
總是告訴我：「借錢會讓人變成騙子」，
所以我一直想盡早還清債務。
只是，一號店成功以後，為了對抗競爭對手，
我不得不再次借錢，雖然公司有賺錢，
但為了擴大營業規模，我必須貸更多的錢。

在反覆面對這種狀況的生活中，
我實在沒有多餘的心力照顧孩子。
記得某次去新潟出差時，
TOP CULTURE 的清水社長跟我分享了這句話：
「家齊而後國治，國治而後天下平」。

心中要有風景

現在我常把這句話的意義寫在簽名板上送給喜歡的人。

這句話的意思是：想讓家人幸福就需要「金錢」，

所以如果是獨立創業的人就必須「讓事業成功」，

（因為萬一失敗的話，家人就要流落街頭了。）

而要想事業成功，就必須得到「家人的支援」，

如果成天都得操心家人的事，就無法好好工作了，

因此，不先實現家人的幸福，事業就不會成功。

所以，我為了打造成功事業做了多少努力，

就會花同樣程度的努力讓家人安心，

不過，比起花時間照顧孩子，我選擇了以工作為優先，

將家庭交給孩子們的媽媽打理，

我則負責賺回令全家人生活不虞匱乏的錢，

但一定會在孩子人生的重要時刻與他們共同留下「美好的回憶」，

就像老爸對我的那樣。

小時候，無論是我想要的溜冰鞋，

或是老媽反對的玩具手槍，老爸都會偷偷買給我。

高中時的全套音響，

以及即使家裡經濟狀況不好，

大學時老爸還是擠乾了錢包，

為剛考取駕照的我買了一輛車，

（是 TOYOTA的 COROLLA SPRINTER）

這就是我最深愛的老爸給我的愛。

從我懂事起，不管找他商量什麼事，

或提出什麼要求，他總回答「好」和「可以」，

是個在任何情況下都不會對兒子說「NO」的 OK老爸。

不論是出社會工作搬到東京居住時，
或是結婚、辭掉上班族的工作、
創立蔦屋書店、開公司，還是貸款借錢時，
他都不曾反對。也因此，
我的人生不管發生任何事，
一路走來都是「自己思考、自己決定」。

這樣的老爸，在六十八歲時過世了，
渡過他的第十七次忌日後，
今年我也已經五十六歲了。
此時，回頭想想老爸，才深刻體會到，
一切都是因為老爸的愛護，才有今天的我。

所以，為了讓孩子擁有「美好的人生回憶」，
即使工作忙碌，我仍盡可能參加他們的運動會。
女兒上幼稚園時，我也參加了父親觀摩日，
只是女兒並沒有在第一時間認出我，
讓我好緊張，這樣的窘事也曾發生在我的人生中。

今天一大早有蔦屋書店的董事會，
下午有 T-CRAD & MARKETING的經營會議與業務會議，
接下來還要去銀座參加由我擔任外部董事的董事會，
晚上則有與外部經營專家們定期的聚會，
但我知道我的人生為何而忙。

感恩當年承擔的責任

今天早上，
開完八點半與木村‧日下的定期例會後，
還有集團的經營會議要開，
之後則是利用午餐時間和團隊一起腦力激盪。

下午，在 Tokyo Midtown 有 dogdays 的定期例會要開，
根據報告，在 CCC 集團員工的協助下，
dogdays 深澤店創下了開店以來最高的營業額，
比前年成長了 236％，店鋪盈餘也刷新了紀錄。

前幾天我收到上班族時代工作了十年的服裝公司，
也就是鈴屋的老闆鈴木社長寄來的一封「親筆信」，
上面寫著：「好久不見，要不要一起吃飯？」
真是非常榮幸的邀約。

記得剛進鈴屋時，
社長一直是高不可攀的存在，
第一次有機會和他說上話，
是輕井澤 Bell Commons 賣場開幕時，
為了慶祝 Bell Commons 開幕成功與慰勞員工，
社長請我們在舊輕井澤的餐廳吃牛排。
還記得當時因為太緊張，加上 Bell Commons 的任務繁重，
又喝了從沒喝過的高級葡萄酒，
在睡魔的襲擊下，那晚我竟然睡著了！

鈴木社長信中還寫到他已八十二歲，
聽到與我有工作往來的財經界人士提起我，
於是聯絡了我。
我對鈴木社長只有感謝，
沒有鈴屋的經驗與栽培，就沒有今天的我。
為了表達這份感激之情，
我想招待鈴木社長到代官山的迎賓館，
當天除了帶他參觀公司，
也想介紹同樣在鈴屋工作過的幾位同仁給他認識，
一邊想著往事，
一邊帶著期待的心情為這次的見面做準備。

我現在才五十六歲，招待鈴木社長那天，
正好可以好好回顧我從二十三歲到三十二歲、
在鈴屋工作的那十年光陰。
當天除了帶兒子一起參加之外，
也希望 C-Cas 的員工訓練負責人，
以及助理能一起參加，
前提當然是他們的時間能夠配合，畢竟這是私人的聚餐。

雖已頂尖，仍不忘學習

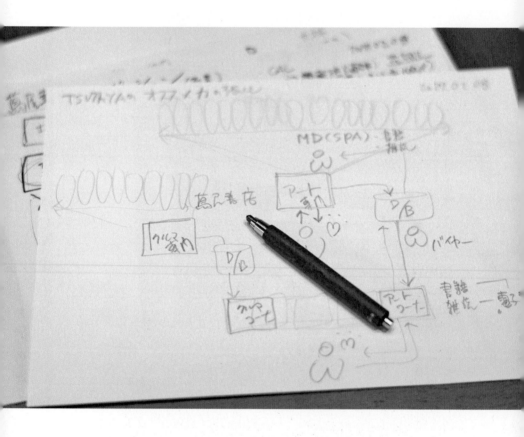

每個人的一生，
都有幾次決定自己人生走向的重大經驗。
對我來說，大學畢業進入社會後，
立刻被賦與重任的「輕井澤 Bell Commons」開發計畫，
即是一次極為重要的經驗。

那時我剛以新人之姿進入鈴屋，
很快就被分發到為開發新事業而成立不久的「開發事業部」。
為了規劃青山 Bell Commons 這個案子，
輕井澤店所在地的地主找上了鈴屋，
委託我們重新開發這塊土地，
當時還是新進員工的我被指名負責這項工作，
我便去見了地主。

地主的家位於輕井澤銀座正中央，
若是將房屋打掉後就能直通天皇與美智子皇后相遇的網球場，
這塊土地確實極有價值，我們立刻著手重新開發計畫，
我也被任命為這項計畫的負責人。

隔年，開發事業部增加了兩名新進員工，
成為我的部屬，開發計畫的人手也擴編為三人，
其中一人就是今天把那份令人懷念的企劃書帶來給我的殿村先生。

當年沒有文字處理機，企劃書是以手寫的方式完成的，
看到三十幾年前自己親手寫的企劃書，
真是有種難以言喻的感動。
殿村先生告訴我，輕井澤的地主告訴他說：
「好久沒見到增田了，真想和他見面」，真是令我開心。

前幾天，我和某公司社長見面時，
聊到「如何任命事業負責人」一事，
他說「學力」是他選擇人才的基準。

他所說的「學力」不是「學歷」，而是「學習能力」。
上星期獲得冠軍的女子高爾夫球選手上田桃子，
正是這樣的人才。

上田桃子明明已是球壇排行上的常勝軍，
但推桿不順時，她一定會找擅長推桿的美國選手請教箇中訣竅，
沒能拿到冠軍時，也會請教同為職業選手的前輩岡本綾子。
那位社長說的學力正是像她這種性格，
即使已是頂尖，仍「不忘學習」。

就這層意義來說，帶領毫無經驗的兩名部屬，
才剛進公司第二年的我，做出了輕井澤 Bell Commons，
回想當年那段過程，憶起種種辛苦之處，
發現自己或許也是很有「學力」的人呢！

老媽教我的事

十二月七日晚間八點十分，母親離開人世了。

母親以前曾擔任過 CCC 集團的董監事，
卸任後，員工還是一直稱呼她為「董監事」，
和她感情很好。

九日的守靈，十日的告別式，
雖然都沒有對外公開舉行，
但還是有很多人前來弔唁。

以母親的個性，一定會拒絕奠儀與唁電，
但母親愛花，我也就接受各方的供花，
卻沒想到收到超過七百束的供花，
讓整個會場滿滿都是花。

母親一定很開心。

因為公司的關係，認識母親的人很多，
考慮到供花的數量，為了不讓葬儀過長，
也為了體恤遠道而來的人，
原本想請認識母親的員工和附近鄰居，
為她誦讀追思弔詞，
但最後還是由我自己代表燒香、致詞，
誦讀幾封原本婉拒的唁電內容，
讓喪禮簡單隆重。

以下是我當天致詞的內容：

今天是家母增田富美的葬禮，
身為家屬代表，打從內心感謝各位百忙之中前來參加。
家母於本月七日晚間八點十分長眠，
享壽八十六歲。

正如各位所知，
家母是個「精神抖擻、堅強的女性」，
當天一如往常在晚間八點入浴，
泡澡後起身刷牙時，蜘蛛膜下忽然出血，
倒臥在浴室裡。

她原本就患有頸動脈動脈瘤，
這應是發病的原因。十分鐘後救護車抵達時，
她已處於呼吸心跳皆停止的狀態，
醫護人員雖在救護車上不斷急救，
但她仍就此撒手人寰。

隔天，檢驗遺體的醫師告訴我，
她離去的時間是八點十分，
我想是在沒有太大痛苦的昏迷狀況下離世的。

這也讓我深深覺得：『母親果然最討厭給人添麻煩，
也最討厭被人看到難堪的模樣，
這樣死去真有她的風格』。

家母出生於大正十三年八月七日，
是寢屋川市仁和寺樋口家六個兄弟姊妹中的長女，
昭和二十一年十二月八日，
與增田家次子的父親結婚後，改姓增田。

家母雖是嫁給次子的父親，但卻因為家族的因素，
成為經營土建業的增田組及經營藝妓茶屋的增田家「長媳」。

枚方會館也是十九年前、平成三年父親離世時，
於五月十七日舉辦告別式的地方。
接獲父親過世的消息時，
在從東京趕往醫院的新幹線上，我不斷想著：
「自己今後還能繼續現在的工作嗎？」

會這麼說是因為，父親雖然繼承了增田家，
但經濟狀況始終稱不上好，
看到個性不適合工作的父親勉強自己展開事業，
和家母一起想方設法賺錢，累得筋疲力盡的樣子，
我才會想努力工作，好讓他不用那麼辛苦，
失去了父親，我的工作動力也一起跟著消失了。

然而，當時有人告訴我，
被留下的家母失去人生的支柱，會比你更難過。

所以那時我便下定決心，
要給家母活下去的動力，
於是故意做些讓她擔心的事，
請她到東京參加公司的會議，
讓她對公司的事產生興趣。

後來，家母自己去買了行動電話，
學會發電子郵件，
前幾天還拍下家中院子裡楓葉的照片，
傳給我看。

最近，她甚至自己買了 iPad，
在照片上加上配樂寄給孫子看，
大家都稱讚她是「IT奶奶」。

此外，從幾年前開始，
她也開始委託我的個人教練，教她每週運動，
就連過世當天也為了替即將參加檀香山馬拉松的家人打氣，
正在做隔天前往夏威夷的準備，
打開的行李箱收拾到一半，還放在房間裡。

雖然年輕時她吃了很多苦，
但我想晚年的她在家人的環繞下，應該過得很幸福。

她身上有一種「讓人信任的力量」。

我獨立創業後，經歷過好幾次重大失敗，
其中尤以直播衛星事業的失敗為最，
甚至讓我對自己的生存之道失去了自信。

有人說是因為「我人太好了」，
一心想做對別人好的事，結果卻落入了對方的圈套。

在那之前，我一直認為沒有顧客的支持公司就無法生存，
因此一心追求對顧客與客戶有價值的事，
但在發現這種想法也有無法適用的世界時，
我頓時不知所措，迷失了自我。

對於犯下這樣失敗的我，
家母不但沒有責備，還默默的鼓勵我、肯定我，
並且以身作則的教我相信別人的重要。

不只是對家人，
家母總是如此肯定、鼓勵身邊的每個人。
為了獲得母親更多的肯定，我一路努力了過來。

今天是為家母送行的日子，
有這麼多人為她送行，她真是幸福，
實在非常感謝大家。

即使家母不在了，
還是希望與大家保有不變的情誼，
衷心感謝各位長年來對家母的關照。

就這樣，告別式順利結束，在眾人的目送中，
母親離開了人世。

現在我正在前往東京的新幹線上，
寫下這篇文章。

老媽以身作則教我的，
或是想告訴我的究竟是什麼呢？
我不禁在列車中反覆想著。

不管那是什麼，
至少她一定不希望看到我無精打采，
工作敷衍草率的樣子。

所以，從明天起，我一定要好好工作，
讓自己的人生重新開始。

希望愈大，絕望愈大

做著設計的工作，最近有種感覺，
開會找不到結論，有如走入迷宮般，遍尋不著出口，
讓人心情陷入絕望，今天也是如此。

沒有前例可尋，沒有前人做過，
但卻要成為顧客願意買單的「賺錢事業」。

身為一家企劃公司，
當然很想打造出像代官山蔦屋書店那樣有個性的空間，
但同時也很想賺大錢。

而且，我不只希望讓有能力的人來做，
更想讓年輕有幹勁、但「還不具備能力」的人加入，
藉此培育人才。我的慾望太多了，
因此總是遇到障礙、停滯不前。
如果只是遇到障礙也就算了，
有時還會因此浪費時間與金錢，
甚至失去外部對公司的信賴，
所以時而生氣，時而沮喪。

很多有期限的工作，
光靠努力並無法解決，
這也會讓人陷入絕望的心情之中。

真的覺得眼前一片灰暗，
像是被逼到走投無路的憂鬱所籠罩，
最近每天都是這樣。

然而，慢跑到二子玉川時，
腦中有時又浮現了一些解決方法，
或是突然獲得意想不到的人給了意想不到的解決方案，
有種「或許會順利」的感覺。

所以說到底，所謂的希望，
或許只有站在絕望深淵旁的人才能看得見。
對過著豐足生活、不去挑戰超乎能力的人來說，
會有所謂「希望」嗎？

挑戰沒做過的事，
使其成為真的能賺錢的事業，
同時還要培育人才，
正因為面臨這樣的難題，
所以我才看得到希望。

或許希望愈大就表示絕望愈大，
兩者往往成正比。

就這層意義來說，最近，
我過著充滿希望的每一天。

忙而不盲

最近，在電視廣告上，
看到哲學家柏拉圖的格言。

「請待人和善，
因為你所見到的每個人都處在嚴苛的戰鬥中」。

以前我也曾學過這道理，
「忙碌」的忙這個字，
就是「心亡」的組合，也就是失去了心。

沒有多餘的心力思考別人的心情，
就是「忙」。

如果我們拚命努力做著從來沒做過的事時，
周遭的人卻輕鬆的以為我們在玩，
就會忍不住心想：「這些人在搞什麼！」
語氣也會變得粗暴無禮。

年輕時的我，為了完成任務，
拚了命投入打造輕井澤 Bell Commons的商業設施，
一個毫無經驗的二十六歲年輕人，
明明什麼都做不到，
卻被交付了如此重大的工作，
雖然有滿腔的熱情，卻缺乏成事的實力。

一個人在知道自己被交付的工作有多重大時，
有時會覺得害怕，有時會感到沮喪，
但也會重新振作起來努力，
就在這樣不斷反覆的情緒中徘徊著，
精神變得敏感緊繃，
既希望別人認同自己，又希望有人可以依靠。

年輕時，
若是家人和夥伴們無法理解這樣的心情，
情緒就容易起伏。

經歷過各種經驗的我，
雖然現在已經不會再這麼依賴別人了，
不過，即使是六十三歲的我，
還是很難做到保有顧慮別人心情的餘裕。

所以，愈是忙碌的時候，
愈能體會柏拉圖這句「待人和善」的意義，
這真是很重要的提醒。

想到這，就覺得心靈獲得了救贖。

「違和感」是
一種創新姿態

「重視違和感。」

這是前幾天，
在某地點的建築比稿上，
一位建築師在台上簡報時說的話。

新車的設計經常給人違和感。

對習慣用傳統手機的人來說，
智慧型手機充滿了違和感。

騎著裝有馬達的腳踏車，
也是一件有違和感的事。

第一次看到美甲沙龍時，
很多人一定也產生了違和感吧。

換句話說，所謂「違和感」，
是在面對超越自己理解範疇的事物時，
產生的陌生、不適應感。

換個角度來說，
只要是新的事物，
通常都會讓人產生違和感。

但反過來說，
沒有違和感的生活與工作，
或許就不會使我們進步。

一個成功的企業，剛開始時，
總會讓人有違和感，
但很快就被大眾接受了。

當這種違和感消失，
企業形象就固定下來了。

相反的，在那個企業裡工作的人，
如果逃避違和感，就會停止進步。
這也是那位建築師為什麼會對事業成功的客戶說：
「請重視違和感。」

打造代官山蔦屋書店時，
我日復一日遭到違和感襲擊，
幾乎到了非拋棄自己的感覺不可的地步，
無法理解，連工作程序都排不好。

但現在回頭想想，
正因如此才能做出讓顧客感動的東西。

只因為心中有違和感就逃避面對的話，
就會無法創造對顧客有價值的東西。

換句話說，
企劃這份工作就是不斷創造和接受違和感。

如果只是拚命想去理解違和感，
只會浪費時間，無法做出好東西。

媒體就是訊息

在對人傳達想法時，「媒體」本身就是訊息，
這是加拿大哲學家麥克魯漢（Marshall McLuhan）的主張。

在媒體發展多樣化的現今，
這個主張顯得更有道理。

麥克魯漢說，
同樣的訊息透過報紙和透過電視傳達，
傳遞方式和說法都不盡相同。

舉例來說，
「要好好珍惜人生與時間」，
這句話由別人說和由我說，傳達的方式就不相同。

而「敝公司一直奉行客戶至上」，
這句話由拿 A公司名片的人來說和由 CCC集團的人來說，
傳達給客戶的訊息也不相同。

換句話說，人或公司等主體，
其存在本身就是一種內含特定訊息的媒體，
我們現在已經進入這樣的時代。

就這層意義來說，
每天採取的行動、和公司之間的互動，
對個人及公司來說都是很重要的事。

媒體本身就是訊息。
「增田宗昭」這個媒體發出的訊息又是什麼呢？

煩悶，才會看見新的光芒

早上起床，各項案子，
如大石般沉重的在我腦中翻騰著，
是個令人非常煩心的早晨。

心想，為什麼會這麼不開心呢？
一邊看著窗外照進來的陽光，
不由得想著，為什麼會如此呢？
發現那是因為，我正在挑戰做不到的事，
但事情總無法輕易按照希望走。

如果只有一、兩件，
倒也不會這麼煩悶，
當有三件、四件、七件這樣的事時，
難免就會感到挫折。

我想起來了。

在做代官山蔦屋書店時，
當時設下很高的目標，
卻找不到做的方法，

會議不是沉默，就是爭執，
陷入沉默。
難以宣洩的氣氛。

心中要有風景

但是，就這樣不上不下的走過了那段過程，
在不上不下的狀態下開幕，
工作人員逐漸累積了經驗，認識了許多新的人，
承蒙顧客告訴我們許多事，
才有今天代官山的蔦屋書店。

也就是說，每次做辦不到的事時，
結果總是這樣。

今年十二月，
第二座 T-SITE 即將於湘南開幕。
而且上星期，
新的 T-SITE 網站也正式上線了。

明明沒做什麼宣傳，
網站使用者人數卻大幅超越目標數字，
真是迫不及待 11 月手機版應用程式上架。

還有，明年春天，
嶄新的生活提案──書店複合式家電行，
終於要在二子玉川開幕。

此外，大阪車站正上方，
也將有占地超過一千坪的蔦屋書店開幕，
擔任統籌的有鎌田、白方、小笠原以及我，
我們當然都沒挑戰過這麼大的任務。

和做代官山蔦屋書店時一樣，
會議總是很痛苦，事情多半無法照希望進展。

人生就在這樣的狀況中迎向一個又一個煩悶的早晨。
然而，這樣的煩悶，
或是那無處可宣洩的困獸感，
正是新光芒的來源。

總覺得，正在挑戰艱難任務的人的臉上，
能看見耶穌基督或聖母瑪利亞的光彩。

神所賜予人類名為「創造力」的才能，
似乎必須經歷苦難才能開花結果，最近深有此感，
也因此煩悶的事才會愈來愈多。

思及至此，真是既喜也悲。

重要的小事

今天，一個家喻戶曉的 FM廣播電台社長到公司拜訪，
我們對音樂事業的未來有一番深刻的討論。

三十年前，音樂還不像現在這般普及，
為了讓更多人都能在生活中享受音樂，
我創立了蔦屋書店。

因為我一直認為，音樂人創作的樂曲中，
蘊含了生存之道，
顧客正是希望從中找尋生命的靈感。

三十年前，
當時只能透過 LP唱盤享受音樂，
一張唱盤平均可收錄十首樂曲，
播放時聽的也都是這些內容。

樂曲的順序，
是創作的音樂人決定的，
當時的聽眾（顧客），
很喜歡用隨身聽等器材，
聽自己重新編輯的卡帶。

所以，市面上的唱片出租店，
除了音樂人製作的 LP 唱盤之外，
有些店也開始提供自行編曲的「My Tape」卡帶。
蔦屋書店內，
也陳列了這樣的商品。

根據一項調查，
喜歡聽音樂的人比較不容易得憂鬱症，
對正煩惱人生的年輕人來說，
音樂往往能帶給他們答案，
這也是為什麼像尾崎豐這樣的歌手，
擁有許多狂熱的歌迷（信徒）。

然而，年輕人長大後，
逐漸能靠自己的力量解決問題，
音樂對他們的價值相對就沒有年輕時那麼高。

也可以說，音樂對年輕人而言是教科書，
對年長的人而言，則是人生的樂趣，
還能預防憂鬱症。

不過，和三十年前不一樣的是，
現在音樂已日常化，當年我曾說過：
「希望聽音樂就像吃高麗菜一樣，
成為大家日常生活中每天都能享受的事」。

當年的願景，如今早已實現，
蔦屋書店不能再侷限於只賣包裝好的商品，
或是提供出租商品。
必須思考新的商業模式才行，

這點和廣播電台那位社長的想法不謀而合。

這個電台，
過去曾挖掘無數才華洋溢的歌手，
在反覆播放他們的音樂之中，
讓更多人發現他們的好，進而成為歌迷。

也因為如此，
只要是這個電台推薦的歌手，
都會像鍍金一樣的「成為人人喜愛的品牌」。

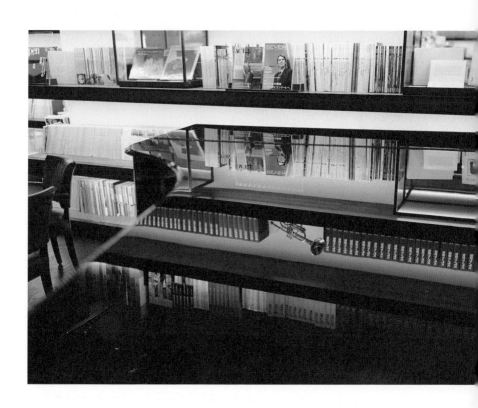

擁有這種品牌價值的廣播電台，
一說要舉辦演唱會時，
音樂人就會群起響應，歌迷也會紛紛聚集，
這個廣播電台最大的價值不在於「播放節目」，
而在於挑選音樂、挖掘音樂人的精準眼光。

蔦屋書店是否也培育出擁有如此精準眼光的人才？

這次與這位電台社長的會面，
讓我很想和他們一起合作什麼，
因為即使時代已從實體唱片，
轉變為演唱會及網路的時代，
但音樂對人的重要性並沒有任何的改變，
今天這段寶貴的會面時光，讓我再次確認這樣的想法。

成為革命之地

前幾天，在新店鋪的企劃會議上，
睽違已久的和大家一起看了
三年前我在代官山蔦屋書店開幕時上的致詞。

致詞內容主要是與「兩大革命」有關。

第一項革命是指，
不遵循過去開店成功經驗得來的常識和規範，
也不站在對公司方便有利的立場創店，
而是站在顧客的立場，體會顧客的心情，
以此思考書店的每個角落和細節。

而在開幕後，更要站在顧客的立場，
打造一間符合顧客所需，提供生活提案的空間，
這是當時我對自己的期許。

換句話說，這是將打造一家店的主權，
從企業手中交到顧客手中的「革命」。

一七八九年，
法國社會認為法國必須改變，
反對再這樣下去的法國知識份子與有志之士，
不約而同的聚集在巴黎的咖啡館，
成功發起了法國大革命。

我希望代官山蔦屋書店的 Anjin也能成為
有如法國大革命起點的咖啡館。

我希望「認為日本這樣下去不行，必須改變」的
知識份子和創意人、企業家都能聚集於此，
針對嶄新的日本未來與東京城市的樣貌進行討論，
使這個國家與社會煥然一新。

仔細想想，二子玉川的家電賣場，
也是透過精選的商品及服務，
與代官山蔦屋書店的工作夥伴一起打造出的理想家電賣場，
這麼想來，代官山 T-SITE確實充分發揮了咖啡沙龍的作用。

在為來到二子玉川蔦屋家電參觀的人介紹時，
我不禁心想，希望接下來蔦屋家電，
也能成為在科技領域掀起革命的咖啡沙龍。

想見的人變少時，
就是創新之時

剛創業時，
我在唱片出租店的櫃台後方一邊工作，
一邊描繪著拓展三千家分店的夢想。

代官山 T-SITE剛成立時，
我經常坐在 ASO的露天座位上，
絞盡腦汁的思考關於「生活提案」的事，
琢磨著該如何蒐集實現這些提案所需的 Database。

二子玉川的蔦屋家電開幕後，
各式各樣的人都來對我說：
「想跟你一起合作」。

不知不覺，
從日本具有代表性的零售業社長，
到日本具有代表性的家電製造商高層，
甚至連現任政府高官都紛紛對我說：「想和您見個面」。

這使我想起，這三十二年來，
許多原本我很想見上一面的人，
不僅真的見了面，
現在還在一起工作。

忽然發現，
自己想見面的人少了許多，
因為都見過了。

「那些讓我想見的人」都是，
在實現自己或公司夢想的這條路上非見不可的人。

在我實現夢想的過程中，
果真都見到面了。
然而，「想見的人」不斷減少的人生真是寂寥，
這表示，我該設計新的夢想了。

但如果思考的是如何成為日本第一或世界第一時，
就表示非見不可的人或許不是日本人，
而是中國人、印度人或美國人了？

是該把英文學好了。

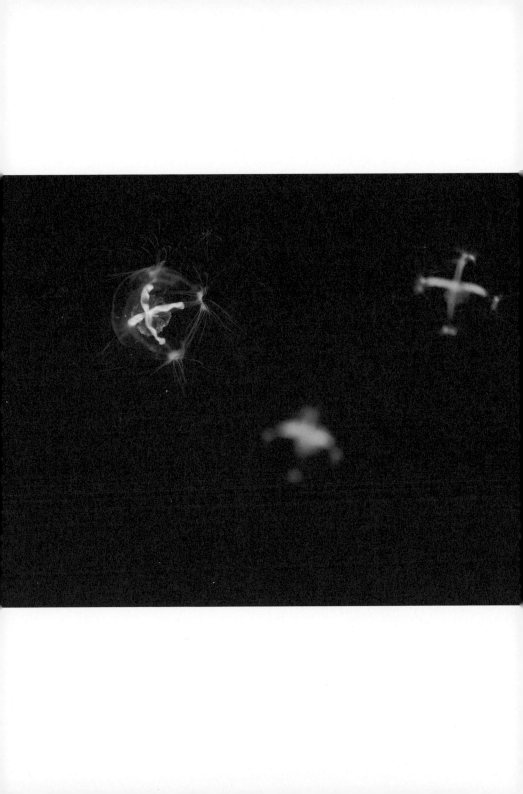

言語裡透露你的生存之道

我們會因為對方說了某句話而心想：
「啊，和這個人合作不下去了。」
或是因為一句話而湧出「一生都想追隨這個人」的念頭。

這樣的事，
在我的人生中發生過無數次。

我想，說那句話的人或許並沒有那些想法，
或者並非對我懷抱那樣的期待，
只是下意識說出這樣的一句話。

可是，那令我覺得和對方合作不下去的「一句話」裡，
卻透露了他的生存之道與思考方式，
反映出他並不重視別人，只以自我為中心，
我才會覺得和這樣的人無法繼續合作下去。

不過，人就算提醒自己不能說出這樣的話，
言語這種東西是潛意識的產物，
往往會自然而然說出口，難以控制。

所以，
該做的不是控制自己的發言，
而是成為一個讓人想與我們合作的人，
否則就無法借助別人的力量。

這個問題的本質在於，
我們是否擁有值得別人尊重的生存之道。

人只要活著，根本不可能不失言。正因如此，
人們才能從別人的一句話中看穿說話者的本質，
進而決定與對方往來的方式。

因此，人生其實沒有所謂「失言」這回事，
言語表達的是一個人內在的本質。
說話不拖泥帶水，言語具有力量的人，
一定也擁有與言語同樣的生存之道。

這個下著梅雨的早晨，我想著，
自己也得成為擁有那種生存之道的人才行。

別讓視線高高在上

人往往不了解自己。

傷害了別人，
卻從沒想過自己傷害了對方。

這是很久以前的事了，
有位很照顧我的人，生病住院時，
我知道他很喜歡看電影，
所以探病後送了電視和DVD給他。

當然，送禮前我已探過病，
知道病房的狀況，才決定送這樣的禮物。

然而，後來我才知道觀賞DVD時，
他要如何把DVD放進播放器，
以及得將附有電源開關的遙控器放在哪裡，
才發現這些實際觀賞時的細節，
我並沒有事先為對方設想周到。

我自以為已經配合了對方的喜好，
送出最適合的探病禮物，
事實上對方根本無法好好使用這份禮物。

另一件事是前幾天和客戶聚餐時，
我不經意的夾了一塊肉給某位同仁，
隔天，這位同仁傳了電子郵件向我道謝，
直說真的很高興。雖然只不過是一片肉，
對方能接收到我的心意，我也真的很開心。

由此可見，
所有的評價都是由對方判定，
但人們卻經常擅自給自己好評。

像是，你看我對那個人做了那麼多，
或是，我都給他這麼多東西了等等。

這種高高在上的視線與想法，
世間可說多不勝數。

正因如此，在這個時代，
創造產業最重要的，
就是站在對方和客戶的立場思考與創造。

同仁寄給我的一封道謝信，讓我瞬間清醒了。

挫折才是成長的基石

這星期見了許多人。

大部分的人，
都在做出某種「認定」時決定了自己的位置，
或是投入了某件工作，
而這種認定即是「這樣就行了」。

不管身分地位多高，或是多年輕的人，
雖然會猶豫，然而一旦認定「這樣就行了」之時，
就會投入某件事，把每一天的時間都花在那上面。

其實多數人也不知道，
這麼做是不是真的就行了。

因為思考起來沒完沒了，
也無法開始動手，也就只好就這麼認定，
適度的告訴自己「這樣就行了」。

然而，膚淺的理由在遇到世間的本質，
或是層次更高的人時，就會立刻瓦解。

所以，人們為了盡可能不要面對瓦解的滋味，
就盡量不接觸比自己更優秀的人，或是更有經驗的人，
只和贊同自己「認定的事」的人聚在一起，
因為和出色的專家見面時，對方強大的信念與志向，
瞬間會讓自己認定「這樣就好了」的事崩潰瓦解。

對習慣日本社會常識的我來說，
世界其他國家的常識充滿了新鮮的觀點，
讓我也想試著創造新的常識。
今天，在蔦屋書店員工的創意激盪會上，
認識了一位沒什麼經驗的年輕人，
聽到他拚命說著如何在店頭思考顧客的事，
真心想為顧客打造出好賣場，
我的內心深受感動，
跟著反省起現在總部的工作樣貌。

我總是為了尋求這種「挫折感」而與人見面。

為什麼？
因為只有挫折才能成為成長的基石。

這星期，我見了許多人，
從中嚐到許多挫折的滋味。

相信明天也會放晴

絕不會忘記曾經照顧過自己的人，
答應的事也一定會遵守承諾。

不斷挑戰想做的事，
即使那是不可能的任務。

思考如何不輸，
但不要想得太難。

單純的享受人生。

希望明天也放晴。

樂觀來自意志力

梅雨季中難得一見的晴空。

天氣雖然炎熱，但比起低氣壓的雨天，
心情要來得積極向前許多。

陰雨綿綿的早晨令人憂鬱，
晴天則使人開朗。

我曾聽某人說過一句格言：
「悲觀屬於心情，樂觀來自意志力。」
據說這是法國哲學家阿蘭的名言，
告訴我這句話的人，
正是奉行著這樣的生存之道。

在時代交替之際，
當公司成長茁壯，
客戶的企業也會跟著壯大，
但是競爭對手也會變大、變強，
因此，用著與過去一樣的方式工作，
往往不會順利。
處於時代交替之際，總是期許公司要更加成長，

但卻常遇到無法如願的情形，
甚至遇到意想不到的瓶頸。

仔細回想起來，
剛開始發展蔦屋書店的 FC加盟事業時，
花了好幾億日圓購買電腦，
每個月都忙著周轉租賃費用，
打算在杳無人煙的代官山開那麼大的一間書店時，
也讓身邊的人操心擔憂，
但我自己卻因為認定「唯有這麼做不可」，
沒有絲毫的悲觀。

一路走來總是憑著自己的意志力，不斷思考各種方法，
想著「怎麼做才會有客人上門」，
「怎麼做才能對加盟店業主有益處」，
即使每天面對棘手的工作，但從來沒有悲觀過。

真要說的話，
因為每一天都比前一天變得更好，
反而工作得很開心。
所以我一直覺得，

只要具備「想開拓未來」的意志力，
計畫與故事就會從中產生，
或許是改變了原本的世界，或許是讓顧客開心，
又或許是讓合作對象成為公司的擁護者，
這些積極正面的要素每天都會因為這樣的意志力而不斷累積，
讓我找不到悲觀的理由。

相反的，不圖振作，什麼也不想，
被眼前發生的事牽著鼻子東奔西跑，
不是擔心自己跟不上？
就是擔心變成那樣怎麼辦？
讓自己走投無路，不知所措。

沒錯，悲觀屬於心情，樂觀來自意志力。
我非常同意。

要樂觀面對人生，還是悲觀以對，
取決於自己的意志力，
怎麼說人都必須擁有強大意志力的生存之道才行。

非相信別人不可

接受了久違的媒體採訪。

訪談的內容是有關「如何面對提案的企劃，
經常是在客戶或顧客理解的範疇之外」。

我們的工作經常不受客戶理解，
然而客戶不理解，生意就做不成。
只是，輕易就能理解的企劃往往毫無價值，
所以說，企劃這份工作看似簡單，其實很難。

因此，創業至今，
我一直在摸索「推銷」企劃的方法。

我學會了讓提案成功的方法有幾種，
一種是做出實際成績，用數字說服別人；
一種是到處演講，進行業務宣傳，激起別人合作的慾望；
另外一種，則是成為值得信賴的人和公司。

為了獲得信賴，我什麼都做過。

因為如果無法獲得信賴，對方就不會考慮你所提出的企劃，
更別說一起合作，甚至是做出成果。

然而，三十年這麼推銷下來，
我發現，獲得信賴固然重要，
更重要的是非相信別人不可。

如果不相信對方，就不會喜歡對方，
也就無法長期對同一個人提案或合作，
當然也不會想努力工作。

只有認為自己一定幫得上對方的忙，
或是總有一天能獲得對方的感謝，我們才會願意不斷的努力。

心中要有風景

成長不是膨脹

最近，接到許多來自各行各業的請託。

今天又接到好幾封演講邀請函，
合作的加盟企業主或廠商客戶，
也來拜託我幫忙。
接受的行程已經有三件，
行事曆已經排到明年十月了。

新企劃的計劃案負責人那裡，
也接到如雪片般飛來的商品合作。

然而，到底有幾個人能承擔任務呢？

我父親是個被稱為「佛心增田」的老好人，
只要親戚拜託他當保證人，
他就無法拒絕，
看到為錢所苦，上門借錢的人時，
也會二話不說掏出現金。

身為兒子，他是我最愛、也最尊敬的父親，
但也不得不承認，增田家的資產也因他散掉了不少。

事實上，這些事有個共通點，
公司的成長如果有扎實的原因，那就屬於健全的成長，
能夠永續維持，但如果沒有原因（內容），
只是一味擴大規模，輕易接受第三者的委託，擴增自己的工作，
就會讓公司陷入危機和困境。

有內容的規模擴大叫成長，
只是虛有其表的擴大叫膨脹，
成長會持續，膨脹總有一天會萎縮。

就這層意義來說，超乎自己實力的工作，
就算會惹對方不高興也該盡可能拒絕，
否則到最後也只會給對方添麻煩而已。

然而，拒絕時一個不小心可能會讓自己失去支持者。

因此，如果無法學會如何在拒絕的同時，
依然牢牢抓住支持者的心，就無法成長。

不思挑戰的人或公司固然不會成長，
但我們也不該去做毫無意義的挑戰。

今天早上，
我也以親筆信鄭重拒絕了某個委託，
並且想起從前，日販的鶴田先生告訴我的話：
「拒絕也是重要的工作」。

踏出一步就有機會

想「交付工作」的人，
總是思考著「可以把這份工作交出去嗎？」

被要求「接受工作」的人，
總是思考著「我真的該接下這份工作嗎？」

公司裡往往有很多這種「雙方衡量彼此狀態」的關係。

被要求「接受工作」的人，
如果能豁出去接下工作，勇往直前的拓展事業，
只要不出太嚴重的問題，上司很少會出言干涉。

只要做出「就交給他吧」的判斷，
放手把工作交出去，
接受工作的人也會覺得痛快，
敢於放手去做。

換句話說，無論是哪一方，
最重要的是下定決心「踏出一步」。

只有這樣才能改變彼此的關係，
今天，公司裡不知道又做出多少勇往直前的決斷了？

累積就算只是隨便做，
也能拿出好成果的實力

我最近的口頭禪是，
「適度的做好就行了，不用追求完美。」

外行的大叔打高爾夫球，
不管再怎麼拚命，再怎麼完美揮桿，
也比不上職業球員打出的水準。

在「結果最重要」的商業世界裡，
就算當事人自認已經全力以赴，
或是以完美為目標努力過了，但都和顧客無關。

提供商品或服務的人，
無論是隨便做，還是輕鬆做，
只要提供的東西有價值，顧客就會買單，給予「好評」。
也就是說，商業世界裡重要的不是你多拚命、做得多完美，
重要的是累積出就算只是隨便做，也能拿出好成果的「實力」，
我一直是這麼想的。

與其專注在一件事上，
同時接受各種不同挑戰，
同時進行多項工作，或是同時做各種事，
都能讓自己培養出把球打得更高、更遠的實力。

只專注在一件事上，或是只在一件事上全力以赴，
未必就能把球打得又高又遠。

我期許自己要培養出隨便打，
也能把球打得又高又遠的實力。

為此，平日的「訓練」就很重要。

只在追求結果時用力是沒用的，
只為了追求結果而用力，也是拿不出好成果的。

所以，放手的做吧！
不完美又有什麼關係？
只要平常持續腳踏實地的努力，
讓自己成為能把球打得又高又遠的人就好了。

每個人
都該有自己的一把尺

在某人邀請下，二十幾年前，
我曾加入一個叫做「無名會」的團體。

我參加了幾個這樣與工作無關的團體，
這是其中一個。

昨晚六點半，
無名會的成員們在麻布的中餐廳聚會。

無名會成立時，我還很年輕，
大家也都還不認識 CCC 集團，
那時真是名副其實的「無名」。

除了我之外，成員有樂天的三木谷社長、
Future Corporation的金丸社長、
LAWSON的前任新浪社長（現任 SUNTORY社長）、
H.I.S.的澤田社長、GAGA的前任藤村社長（現任FILOSOPHIA社長），
今天他們一點也不無名，幾乎各個都是知名人士。

就這層意義來說，
這是個造就無名青年成名的團體，
然而，當初成立時，我們誰也沒想過會有這樣的一天。

當然這不是個想成名的人聚集的團體，
只是幾個無名的青年，
因為共同價值和思想而聚集在一起。

即使再久沒見面，
大家一見面立刻還是能回到當年的心情，
真是不可思議。

站在彼此的立場想想，
明明是很難有機會見面的一群人，
彼此卻能毫無顧忌的侃侃而談，
看到這群過去無名、今日成功的人，
現在才發現，大家果然都擁有什麼與眾不同的東西。

沒有人賣弄玄虛，
各個誠實坦率，
大談胸中塊磊。

每個人都有自己的堅持、
自己的想法、自己的體貼。

不像現在這樣擁有金錢、名聲與組織時，
就已經擁有名為「自己」的一把尺。

也因為這把尺使我們得以擴大事業，
擁有資金、獲取利潤、創造組織，
最終獲得了相應的名聲。這麼一想，
其實每個人都有功成名就的機會，一切端看自己怎麼做。

回顧過往，不論是從小到大經驗過的事，
或是上班族時代做過的事，
都是用自己心中的那把尺衡量過，
判斷出哪些事非做不可、哪些事絕不可為。
工作上的每一個關鍵時刻，
都是用「自己的這把尺」做出了判斷。

現在擁有的，
只能說是一路走來累積的「結果」。
當然，那些經驗，
也使自己心中的這把尺更大、更精準了。

不要老是看著四周，
不妨時時看看自己的尺是否歪掉了呢？
睽違已久的無名會，讓我想到這些事。

閱讀筆記
NOTE

增田宗昭 MASUDA MUNEAKI

1951年生，大阪府枚方市人，CCC集團（Culture Convenience Club）董事長兼 CEO，在日本擁有超過 1400家分店的蔦屋書店（TSUTAYA）。同志社大學畢業後任職於鈴屋，曾擔任輕井澤 Bell Commons開發計畫負責人。離職後，於 1993年開設「蔦屋書店枚方店」，並於 1985年成立 CCC公司，2003年開始發行跨產業的集點服務「T-POINT」，會員人數在 2017年 1月成長到 6,156萬人，2011年更以團塊世代為主要對象，開設了蔚為風尚的文化空間「代官山蔦屋書店」和「代官山 T-SITE」。2013年更將「代官山蔦屋書店」的概念大膽運用於佐賀縣武雄市的公共圖書館，開幕 13個月，來館人數已突破 100萬人，受到日本各方矚目。2016年再度回到創業之地 ─ 枚方，開設提供消費者日常生活所需的百貨「枚方 T-SITE」。目前為企劃公司社長，正為城市的「文化建設」四處奔忙。

國家圖書館出版品預行編目 (CIP) 資料

風格是一種商機：蔦屋書店創辦人增田宗昭只對員工傳
    授的商業思考和工作心法 / 增田宗昭著；邱香凝譯 . --
    第一版 . -- 臺北市：遠見天下文化 , 2018.04
    面； 公分 . -- (財經企管；BCB643)
    譯自：増田のブログ：CCC 社長が、社員だけに語った
言葉
    ISBN 978-986-479-423-2(平裝)

    1. 增田宗昭 2. 傳記 3. 書業 4. 企業經營

487.631   107005768

財經企管 BCB643

風格是一種商機：

蔦屋書店創辦人增田宗昭
只對員工傳授的商業思考和工作心法

作者 —— 增田宗昭
原書名 —— 增田のブログ：CCC の社長が、社員だけに語った言葉
譯者 —— 邱香凝
總編輯 —— 吳佩穎
責任編輯 —— 黃安妮
封面暨內頁設計 —— 蔡南昇

出版者 —— 遠見天下文化出版股份有限公司
創辦人 —— 高希均、王力行
遠見 ・ 天下文化 事業群董事長 —— 高希均
事業群發行人／ CEO —— 王力行
天下文化社長 —— 林天來
天下文化總經理 —— 林芳燕
國際事務開發部兼版權中心總監 —— 潘欣
法律顧問 —— 理律法律事務所陳長文律師
著作權顧問 —— 魏啟翔律師
社址 —— 台北市 104 松江路 93 巷 1 號 2 樓
讀者服務專線 —— （02）2662-0012
傳真 —— （02）2662-0007；2662-0009
電子信箱 —— cwpc@cwgv.com.tw
直接郵撥帳號 —— 1326703-6 號　遠見天下文化出版股份有限公司

電腦排版／製版廠 —— 中原造像股份有限公司
印刷廠 —— 中原造像股份有限公司
裝訂廠 —— 中原造像股份有限公司
登記證 —— 局版台業字第 2517 號
總經銷 —— 大和書報圖書股份有限公司 電話／（02）8990-2588
出版日期 —— 2018 年 5 月 30 日第一版第 1 次印行
　　　　　　2023 年 4 月 15 日第一版第 10 次印行

定價 —— NT 700 元
ISBN —— 978-986-479-423-2
書號 —— BCB643
天下文化官網 —— bookzone.cwgv.com.tw

天下·文化
Believe in Reading